W0047952

MINI - Technik + Typen

Hans J. Schneider

MINI
Technik + Typen

One, One D, Cooper, Cooper S, John Cooper Works, Cabrio
Serien- und Sondermodelle, Prototypen, Tuning, Sport
Historie: Classic-Mini 1959-2000, Cooper-Story

SCHNEIDER TEXT EDITIONS LTD.

Impressum

„MINI - Technik + Typen"
ist der geschützte Titel eines Fachbuchs von
SCHNEIDER TEXT EDITIONS LTD.

Bildnachweis

Titelfoto: BMW Group Sparte MINI;
Umschlagrückseite: BMW Group/Presse-
abteilung MINI (2); John Cooper Works (1);
Fotos Inhalt: AC Schnitzer (2);
BMW Group/Presseabteilung MINI (195);
John Cooper Works/GB (10); Martini/Archiv
Thierack (1); Rover Deutschland/Archiv
Schneider (24); Schneider Hans-Jürgen (3);
Schrader Halwart/Archiv: (10)

Dank

Autor und Verlag danken allen, die dieses
Buch unterstützt haben: Stefani Hergert,
Rudolf Probst, Sandra Schillmöller (alle
Presseabteilung BMW Group/MINI),
Barbara Schürmann-Arends und Ingrid
Langeveld (MG/Rover Deutschland), Halwart
Schrader (Textbeiträge Cooper-Story,
Text- und Bildbeiträge Mini Classic History)

Copyright 2004 by

SCHNEIDER-TEXT EDITIONS LTD.
1. Auflage, Originalausgabe
Alle Rechte der Vervielfältigung und Verbrei-
tung einschließlich Wiedergabe durch elektronische Medien, Erfassung und Nutzung auf
elektronischen Datenträgern und Netzwerken
inkl. Internet sowie Fotokopie vorbehalten.

Herstellung

Publication, Layout: Hans J. Schneider
Cover-Design, Layout-Concept, Scan,
Production: Valentin Schneider
Proof-reading: Gabriele Schneider
Printing: Westermann Druck Zwickau GmbH

Vertrieb

Delius Klasing Verlag GmbH, Siekerwall 21,
D-33602 Bielefeld; Tel. 0521/5590, Fax:
0521/559113; e-mail: info@delius-klasing.de

ISBN

0-9541746-4-X

Verlag

SCHNEIDER TEXT EDITIONS LTD.
Elmgrove, Gormanstown, Co. Meath - Ireland
e-mail: info@schneider-text.com
website: www.schneider-text.com

Inhalt

Anmerkung: Das Markenlogo „MINI" schreibt sich in Versalien. Wir vollziehen das nur auf dem Umschlag und im Impressum nach. Im Text verwenden wir stets die klassische Schreibweise „Mini".

Mini: die unendliche Geschichte.
Oder: Wie man eine Legende wiederbelebt.

Wer noch vor einiger Zeit von einem Auto namens „Mini" sprach, meinte den 1959 erschienenen Winzling, der wie VW Käfer und Citroën 2 CV als Legende in die Automobilgeschichte einging. Heute aber ist mit „Mini" auch jener ebenso moderne wie modische Kompaktwagen gemeint, der Ende des soeben verflossenen Jahrhunderts auf Kiel gelegt wurde, als Mini-Mutter Rover noch zu BMW gehörte. Im März 2000, als die Bayern mit den Engländern nicht mehr weiterkamen, verkauften sie - nach Milliardenverlusten - Rover wieder, behielten aber die Marke „Mini" samt der zugehörigen Fabrik, was unstrittig eine ebenso kluge wie weitsichtige Entscheidung war. Am 25. August 2004, und damit fast auf den Tag 45 Jahre nach der Präsentation des Ur-Mini, lief im Werk Oxford der 500.000ste „New Mini" vom Band. Anfangs nur auf 100.000 Einheiten pro Jahr kalkuliert, läuft die Produktion mit rund 174.000 Fahrzeugen (2003) inzwischen fast an der Kapazitäts-Obergrenze. In aller Welt ist der neue Mini heiß begehrt. Und er hat schon nach vier Jahren erreicht, was anderen Nachkommen berühmter Vorfahren meist verwehrt bleibt: Kultstatus.

Den Anstoß zur Entwicklung des ersten Mini durch den genialen Ingenieur Alec Issigonis gab die erste Energiekrise der Neuzeit. Und die fand nicht erst 1974, wie allgemein angenommen, sondern schon 1956 statt. Damals ließ der ägyptische Staatspräsident Gamal Abd el Nasser den Suezkanal verstaatlichen und für Handelsschiffe, vor allem Öltanker, sperren. Er wollte damit gegen die Weigerung der USA protestieren, sich trotz gegebener Zusage an der Finanzierung des Assuan-Staudamms zu beteiligen. Israel, Frankreich und England versuchten, Nasser durch militärisches Eingreifen zu stürzen - gegen ein Veto der UN-Vollversammlung. Die „Suezkrise" schnitt Franzosen und Briten von der Ölzufuhr ab, worauf die Engländer das Benzin rationieren mußten - auf zehn Imperial-Gallonen pro Fahrzeug und Monat (45,50 Liter). Da merkte man auf der Insel, daß die Automobile alten Zuschnitts viel zu schwer und damit zu durstig waren. Ein völlig neues Konzept mußte her. Am 26. August war es so weit: Der kleine, kompakte und mit 850 cm³ Hubraum bescheiden motorisierte Austin Seven hatte seinen großen Auftritt. In kürzester Zeit wurde der „Mini", wie der Autozwerg erst später genannt wurde, ein Welterfolg - und Vorläufer aller modernen Autos mit vorn quer eingebautem Motor und Frontantrieb.

Der neue, von BMW serienreif gemachte Mini wurde im Mai 2001 der Öffentlichkeit präsentiert und knüpfte in den wesentlichen Punkten an das klassische Konzept an: Design

Oben: das Team Mäkinen/Easter im Classic-Cooper S auf dem Weg zum Monte Sieg 1965. Unten: John Cooper-Challenge 2004 in Castle Combs.

und Look, Fahrwerk und Manövrierbarkeit, Auslegung des Antriebs, Langzeitstabilität und äußerst geringer Wertverlust. Der Neue hatte deutlich zugenommen an Größe, Gewicht und Leistung, doch das verübelten ihm nur diejenigen, die nicht begreifen wollten, daß anders zeitgemäße Sicherheitsstan-

5

dards nicht zu erfüllen gewesen wären. Der alte Mini war ein witziges und gewiß auch fahrsicheres Auto, aber wenn er von der Bahn abkam, hatten die Passagiere nur eingeschränkte Überlebenschancen. Daß der „New Mini" in kurzer Zeit so viele Freunde gefunden hat, hängt auch mit dem Sicherheitsgefühl zusammen, daß er in allen Situationen vermittelt.

Die neue Mini-Mutter BMW hat es zudem glänzend verstanden, den Mini als „Lifestyle"-Produkt im heiß umkämpften Kleinwagenmarkt zu plazieren. Mini muß man einfach haben, andere Fahrzeuge dieser Klasse werden oft nur aus Nützlichkeitserwägungen heraus gekauft. Mit den sportlichen Versionen Cooper und Cooper S ist es zudem gelungen, an die große Motorsport-Vergangenheit des Classic-Mini, der in den 1960er Jahren unter anderem dreimal die Rallye Monte-Carlo gewann, anzuknüpfen. Mit der seit 2002 ausgetragenen „John Cooper-" bzw. „Mini-Challenge", bei der 30 identische 200-PS-Minis um Punkte, Pokale und Preisgelder kämpfen, hat sich der Bekannt- und Beliebtheitsgrad des neuen Kultautos zusätzlich verstärkt.

Dieses Buch zeigt den neuen Mini in allen Facetten, beschreibt Technik, Ausstattung und Charakteristik sämtlicher Modelle von Mini One und One Diesel über Cooper und Cooper S bis zu den attraktiven Cabrio- und Tuning-Varianten. Bemerkenswerte Sondermodelle werden ebenso gezeigt wie Proto-

Oben: 21 Leute in einem Mini: neuer Weltrekord in passendem Umfeld während der Olympiade in Athen 2004. Unten: Am 25. 08. 2004 lief in Oxford der 500.000ste seit 2001 gebaute „New Mini" vom Band.

typen und Vorläufer aus vier Jahrzehnten. Interessante Einblicke in die Mini-Produktion in Oxford fehlen ebensowenig wie ein Rückblick auf die atemberaubende Geschichte der Firma Cooper, die 1959 und 1960 Formel 1-Weltmeister wurde. Eine ausführliche Schilderung der Classic-Mini-Geschichte 1959 bis 2000 mit zahlreichen historischen Fotos sowie ausführliche technische Daten runden den Inhalt ab.

Viel Freude bei der Lektüre.
Hans-Jürgen Schneider
Oktober 2004

Geniestreich von BMW:
MINI ONE

Die Art und Weise, wie BMW zur Marke Mini kam, ist ein Abenteuer ohne Beispiel in der jüngeren Geschichte der Automobilindustrie. Ein Abenteuer, das beinahe katastrophal geendet hätte, im letzten Augenblick aber doch noch eine glückliche Wendung nahm. Alles begann mit einem Kaufangebot am 29. Januar 1994: „Die Bayerischen Motoren Werke AG (BMW) will 100 % der Aktien der Rover Group Holdings Ltd., Birmingham, von ihrem jetzigen Besitzer, der British Aerospace plc., London, kaufen", ließ BMW zwei Tage später verlauten. Die Rover Holding besaß damals 80 % der Aktien

Mit dem im Mai 2001 der Presse vorgestellten Mini One (oben) knüpfte die BMW Group auf professionelle Art und Weise an die Mini-Tradition an.

des englischen Produzenten Rover Cars, der die Rechte an Traditionsmarken wie Rover, Land Rover, MG, Triumph, Austin - und Mini besaß. Die restlichen 20 % wurden von Honda Motor Europe gehalten. Die meisten Rover-Modelle waren in jenen Tagen nichts anderes als modifizierte Honda-Typen, während Land Rover, Range Rover und Mini unbehelligt weiter ihr Eigenleben führen konnten.

Im Hochgefühl des sich anbahnenden Deals, der BMW auf dem Weltmarkt und gegenüber der Konkurrenz stärken sollte, freute sich der damalige Vorstandsvorsitzende von BMW, Bernd Pischetsrieder: „Die Produktprogramme der beiden Automobilhersteller Rover und BMW ergänzen sich fast ideal. Die Fortführung der langen Tradition beider Unternehmen wird die Basis einer international noch erfolgreicheren Zukunft für beide sein…" Am 15. März 1994 stimmten die Aktionäre von British Aerospace dem Verkauf der Rover Group Holdings Ltd. zu. Die von beiden Seiten in den schönsten Farben gemalten Zukunftsträume hatten sie überzeugt. 800 Millionen britische Pfund wechselten am 18. März und 30. Juni in zwei Tranchen den Besitzer.

Katzenjammer nach Rover-Verlusten

Doch den Engländern wie den Deutschen sollte die Freude an dem mit grossem Optimismus abgeschlossenen Geschäft schnell vergehen. Die Kooperation zwischen München und Birmingham erwies sich als schwierig und ineffizient. Millionen flossen in die Entwicklung von neuen Rover-Modellen, die dann auf dem Hauptmarkt Großbritannien kaum jemand haben wollte. Rover rutschte immer tiefer in die roten Zahlen - und zog BMW mit nach unten. Nachdem sich 1998 Rover-Verluste in Milliardenhöhe aufgehäuft hatten, machten sogar Gerüchte über eine Übernahme von BMW durch VW, Ford oder Fiat (damals noch stark) die Runde.

Dies trat zwar nicht ein, doch den BMW-Vorstand erwischte es voll. In einer dramatischen Sitzung Anfang Februar 1999 wies der damalige Aufsichtsratsvorsitzende Eberhard von Kuenheim seinem Vorstandsvorsitzen-

Erstmals mit Dieselmotor ging der Mini im Dezember 2002 an den Start. Das 75 PS starke Turbo-Diesel-Triebwerk kommt von Toyota.

Beide Bilder: Mini One D im Dezember 2002. Das moderne Common-Rail-Turbodiesel-Triebwerk arbeitet mit computergesteuerter Kraftstoff-Einspritzung und überträgt seine Kraft per Sechsgang-Getriebe auf die Vorderräder.

den Pischetsrieder die Tür. Nachfolger wurde nicht, wie zunächst spekuliert, Entwicklungsvorstand Wolfgang Reitzle, sondern - auf Betreiben der Arbeitnehmervertreter - ein nüchtern kalkulierender Wirtschaftsprofessor: Joachim Milberg. Daraufhin verließ auch Reitzle, der nach Einschätzung der Fachwelt zweifellos über die Fähigkeit verfügt hätte, Rover mittelfristig über die Entwicklung attraktiver Modellreihen zu sanieren, BMW, um kurz darauf einen Vertrag bei Ford zu unterschreiben. „Das ist der Gau", faßte „DER SPIEGEL" in Heft 6/1999 zusammen.

2000: Rover verkauft, Mini behalten

Der zunächst als „Notlösung" apostrophierte neue BMW-Boss Milberg zog rasch die Konsequenzen aus dem Rover-Debakel, das sich für BMW inzwischen zu einer echten Bedrohung ausgewachsen hatte: Rover wies - nach 1,9 Milliarden 1998 - Ende 1999 einen weiteren Verlust auf 2,5 Milliarden DM aus; die Gesamtschulden aus dem Rover-Abenteuer betrugen damit rund 16 Milliarden Mark. Konsequenz: BMW fing Anfang 2000 konkret an, über einen Ausstieg bei Rover nachzudenken mit der Begründung, die Lage sei „schier hoffnungslos".

Der 17. März 2000 war dann für BMW „der Tag der Kapitulation" („SPIEGEL"): Sechs Jahre nach der Übernahme verkauften die Münchner nicht nur die verlustträchtige Rover-Pkw-Produktion (für eine symbolische D-Mark an die Londoner Wagniskapital-Gesellschaft Alchemey), sondern auch die Land Rover-Sparte - ausgerechnet (für 5,9 Milliarden DM) an Ford, dessen Luxusdivision mit Volvo, Jaguar und Aston Martin seit kurzem vom ehemaligen BMW-Vorstand Reitzle geführt wurde, der die Entwicklung exakt vorausgesagt hatte. Die 9000 Arbeiter im nun von der Schliessung bedrohten Rover-Werk Longbridge drehten durch, demolierten BMW-Limousinen und beschimpften - unisono mit der Boulevardpresse - die abdankenden Vorstände als „deutsche Bastarde".

Obwohl es damals bei BMW zeitweise zuging wie in einem Tollhaus, behielten die Bayern in einem wichtigen Punkt den Überblick und sicherten sich das Sahnestück aus dem Rover-Kuchen: den Mini - genau genommen: alle Rechte an „Mini" sowie das für die Produktion des neuen Mini in Oxford bereits weitgehend fertiggestellte Werk. Eine Entscheidung, die im nachhinein als genial bezeichnet werden muß.

BMW erholte sich schnell von den Verlusten und schrieb bald wieder schwarze Zahlen: 1,026 Millionen Euro Gewinn 2000 nach 2,487 Millionen Euro Verlust 1999, dies auch auch dank des hervoragenden Markterfolges der neuen Mini-Generation. Bis Ende 2003 konnten weltweit über 250.000 Minis verkauft werden - ein riesiger Erfolg. Und mehr noch: Der Mini wurde, wie das von 1959 bis 2000 gebaute Original, in kürzester Zeit zum Kultauto. Optisch und technisch war er auf der Höhe der Zeit und rundum fit für den Roll out ins neue Jahrtausend.

Die Planungen für den neuen Mini hatten bereits Gestalt angenommen, als Rover noch zu BMW gehörte. Eine erste konkrete Vorstellung davon, wie der neue Kleinwagen aussehen würde, vermittelte die gemeinsam von BMW- und Rover-Designern realisierte Studie ACV 30, die anläßlich der Rallye Monte Carlo im Januar 1997 präsentiert wurde (Fotos und Details ab Seite 69).

1997: Entwicklungsbeginn „New Mini"

Als BMW sich dann im Mai 2000 von Rover trennen mußte, war der neue Mini fast fertig. Den Startschuß für die Entwicklung des neuen Kleinwagens hatte bereits kurz nach der Rover-Übernahme der damalige BMW-Chef Bernd Pischetsrieder gegeben, ganz nebenbei ein Großneffe des legendären Ur-Mini-Konstrukteurs Sir Alec Issigonis. Die Rover-Kosntruteure arbeiteten ziemlich lustlos an dem Projekt und präsentierten Anfang 1997 den eher skurrilen Heckmotor-Winzling „Spiritual" (s. S. 72/73), der indes bei den BMW-Statt-

Der Mini One D in der Erstversion vom Dezember 2002 aus drei unterschiedlichen Perspektiven. Die vorderen Lufteintritte wurden gegenüber dem Standard-Benziner vergrößert, die Seitenschweller stammen vom Cooper S.

haltern keine Gnade fand. Doch dann griffen laut „SPIEGEL" (37/2000) die Münchner durch: „Sie schrieben einen internen Design-Wettbewerb aus, wählten aus 15 Vorschlägen die nostalgische Version des Amerikaners Frank Stephenson und verlegten die gesamte Entwicklung in das Münchner BMW-Forschungszentrum." Dort machten die Ingenieure und das BMW-Designteam unter der Leitung von Gert Hildebrand in rund drei Jahren ein Auto serienreif, das vom Konzept und Styling her als großer Wurf betrachtet werden kann. In Brasilien baute BMW zusammen mit Chrysler eine Fabrik für die Motorproduktion. Die Amerikaner wollten damals ebenfalls einen Kleinwagen herausbringen. Doch als Daimler-Benz mit Chrysler fusionierte, fiel das Projekt ins Wasser.

Größer und schwerer, damit sicherer

Bei der Pressevorstellung des Mini „One" - wie die Basisversion genannt wurde - im September 2000 erntete die Kreation nahezu uneingeschränkte Anerkennung. BMW apostrophierte den Mini als „zukunftsorientierte Neuauflage eines Originals". Als frontgetriebener Viersitzer mit unverwechselbar-rundlichen Formen und gebaut nach dem Prinzip „Räder ganz außen an jeder Ecke" erinnerte das Auto wie beabsichtigt stark an den von Issigonis entworfenen Vorgänger. Auf den zweiten Blick fiel allerdings auf, daß der Neue von den Abmessungen her eine ganze Nummer größer war als die Legende von Austin. Eigentlich war der Mini bei einer Gesamtlänge von 3,63 m (Ur-Mini: 3,05 m) alles andere als „mini", konnte es von den Maßen und vom Innenraum durchaus mit einem VW Lupo aufnehmen. Die Serienproduktion lief am 26. April 2001 an, der Verkaufsstart in D war am 8. September 2001.

Die Presse biß sich aus Gründen, die nur von Tiefenpsychologen hätten ermittelt werden können, an dem Umstand fest, daß der Mini erwachsener wirkte als Name und Tradition ursprünglich hatten erwarten lassen.

Das Mini-Cockpit (hier am Beispiel eines Cooper vom Juli 2003) greift mit dem großen Zentraltachometer das Mini-Design der 60er Jahre auf. Der Drehzahlmesser sitzt bei dieser Konstellation vor dem Lenkrad und damit optimal im Blickfeld. Bild gegenüberliegende Seite: Mini One D Ende 2002. Der Lufteinlaß im Frontstoßfänger ist eckig, während er beim Mini Cooper ovale Konturen zeigt.

Doch heute spricht niemand mehr davon. Auch der verbohrteste Schreiber von damals dürfte inzwischen erkannt haben, daß ein moderner Mini den aktuellen Standards in puncto aktiver und passiver Sicherheit entsprechen muß und daher nicht daherkommen kann wie eine „tolle Kiste" à la Fiat Panda von 1977, die viel Platz bot, bei einem Crash aber in sich zusammenklappte. Auch der alte Mini war in puncto Crashsicherheit katastrophal schlecht. Lediglich das einigermaßen spur- und kurvenstabile Frontantriebsfahrwerk verhinderte damals in vielen Fällen, daß es zum Äußersten kam.

Der neue Mini war von Anfang kein Auto, das - wie etwa der 7er BMW E 65 - polarisierte; er gefiel rundum und überall. Insgesamt war ein Auto entstanden, das sich vom Design her klar von Mitbewerbern absetzte und überhaupt von allem anderen, was Räder hatte. Die Designer hatten bei diesem Konzept Dinge durchgesetzt, die anderwo gnadenlos dem Rotstift zum Opfer gefallen wären: die nahtlos bis an die Radhäuser reichende Motorhaube zum Beispiel, bei der die Frontleuchten integriert sind, was in produktions- und montagetechnischer Hinsicht eine starke Herausforderung war und ist. Der ebenfalls in die Haube integrierte Kühlergrill des MINI One hat vier horizontale, schwarz lackierte Lamellen, was dieses Modell von Cooper und Cooper S unterscheidet. Das Öffnen der Haube wird von langhubigen Gasdruckfedern unterstützt. Als Hommage an den alten Mini (Cooper) können Zierstreifen für die Motorhaube in weiß oder schwarz geordert werden. Als Extra gibt es auch Chromeinlagen für die Stoßfänger. Das Lufteinlaßgitter besteht beim Mini One aus schwarz lackiertem Stahl (Cooper: verchromt).

An den Außenkanten der Stoßfänger sind Schmutzabweiser angebracht, die in Kotflügel und Schwellerleiste übergehen. In allen Varianten ist der Mini ausschließlich als Zweitürer erhältlich. Die mit rahmenlosen, serienmäßig elektrisch betätigten Fenstern ausgerüsteten Türen lassen sich bis zu 80° weit öffnen, was auch den Zugang zu den Fondplätzen erleichtert. Vom BMW 3er Coupé/Cabriolet übernommen wurde die Schließtechnik: Beim Öffnen der Türen fahren die Fenster minimal selbsttätig herunter, nach Schließen minimal herauf.

Das extrem kurze, steil aufsteigende Heck läßt den New Mini wie den Vorläufer kompakt und gleichzeitig agil wirken. Die für manchen Geschmack etwas zu klein geratenen Heckleuchten bewirken in ihrer Reduzierung auf das Wesentliche zweifellos, daß der Mini von hinten extrem breit, fast bullig wirkt. Die Heckklappe läßt sich über 90° weit öffnen und hat ein elektrisches Schloß. Anders als beim Cooper ist beim One der Griff an der Heckklappe in Schwarz gehalten.

Steil stehende, eingeklebte und grün gefärbte Scheiben

Eine wichtige Rolle als gestalterisches und funktionales Element spielt Glas. Während sich die A-Säule hinter einer schwarzen, hochglänzenden Kunststoffblende verbirgt, werden die B- und C-Säulen von Glas abgedeckt - konsequent nach einem in der Architektur bekannten Konzept mit Glaswänden zur Abdeckung der lasttragenden Strukturen. Dadurch entsteht der elegante Eindruck eines durchgehenden Glasbandes rund um das gesamte Fahrzeug. Betont wird dieser Effekt durch die serienmäßige Grünfärbung aller Fenster, was auch die Erwärmung des Innenraums reduziert. So konnte auf eine Öffnungsmöglichkeit der Fondscheiben verzichtet werden. Die eingeklebten Scheiben erhöhen die Steifigkeit der Karosseriestruktur. Für die Frontscheibe kann eine Beheizung geordert werden. Die Heckscheibe ist serienmäßig beheizbar und mit einem Heckscheibenwischer versehen. Darüber hinaus kann der Mini mit einem Panorama-Sonnendach ausgestattet werden, dessen Öffnung circa eineinhalb Mal so groß wie bei konventionellen Glasdächern ist.

Räder und Reifen sind der jeweiligen Ausstattungsvariante angepaßt. So rollt der eher zurückhaltend daherkommende Mini One ab Werk auf 15-Zoll-Stahlrädern mit silbernen Radabdeckungen. Alternativ sind Leichtmetallräder lieferbar - in 16 oder 17 Zoll, seit Sommer 2004 auch in 15 Zoll.

Seit Juli 2004 treten Mini One und Mini Cooper mit leicht modifiziertem Exterieur an, wozu ein überarbeiteter FrontStoßfänger mit integrierten Nebelscheinwerfern zählt. Auffällig ab Jahrgang 2004/2005 ist die in die große Lufteintrittsöffnung eingesetzte, verchromte Querstrebe. Die Frontscheinwerfer sind seitdem in Klarglas-Optik ausgeführt. Gegen Aufpreis gibt es Xenon-Scheinwerfer mit automatischer Leuchtweitenregelung. Charakteristisch ist der zusätzliche Ring aus Leuchtpunkten, der mit seinem Streulicht die Übergänge zwischen hell und dunkel weicher zeichnet und

so dem Xenon-Licht etwas von seiner Aggressivität nimmt. Die Rückscheinwerfer sind nicht mehr in den (ebenfalls modifizierten) Heck-Stoßfänger, sondern in die technisch überarbeiteten Heckleuchten integriert; neu sind hier die Klarglasscheiben und die Chromeinfassungen. Die Nebelschlußleuchte wanderte in den Stoßfänger. (Fotos neue Modelle s. Kapitel Mini Cooper S. 32).

Steil stehende Windschutzscheibe, hohe Fensterlinie und vor allem der Zentral-Tachometer erweisen beim New Mini dem klassischen Pendant klar

Die Schnittzeichnung zeigt - hier am Beispiel des ersten Mini Cooper vom Mai 2001 - das solide konstruierte Fahrwerk mit Fahrschemeln vorn und hinten. Alle Modelle verfügen serienmäßig über vier Scheibenbremsen, ABS, elektronische Bremskraftverteilung und Kurvenbremshilfe. Mini One, One automatic und One D rollen ab Werk auf einfachen Stahlrädern mit Reifen der Größe 175/65 R 15. Die hier abgebildeten und meist georderten Leichtmetallräder sind nur gegen Aufpreis zu haben.

ihre Reverenz. Denn bis 1968 war der Tachometer als mittig angeordnetes Instrument ein charakteristisches Mal des Ur-Mini. Erst mit dem Twingo von Renault kamen dann ab Ende der 80er Jahre wieder zentrale Anzeigegeräte in Mode. Heute sind sie stark bei Vans verbreitet, und sogar der 2003 eingestellte Super-Roadster BMW Z8 zeigte sich in diesem Punkt irgendwie Mini-verwandt!

Im Innenraum des aktuellen Mini sind runde Formen allgegenwärtig, was die äußere Linienführung gekonnt aufgreift. Die unkonventionelle, sehr „zeitgeistige" Instrumententafel mit dem

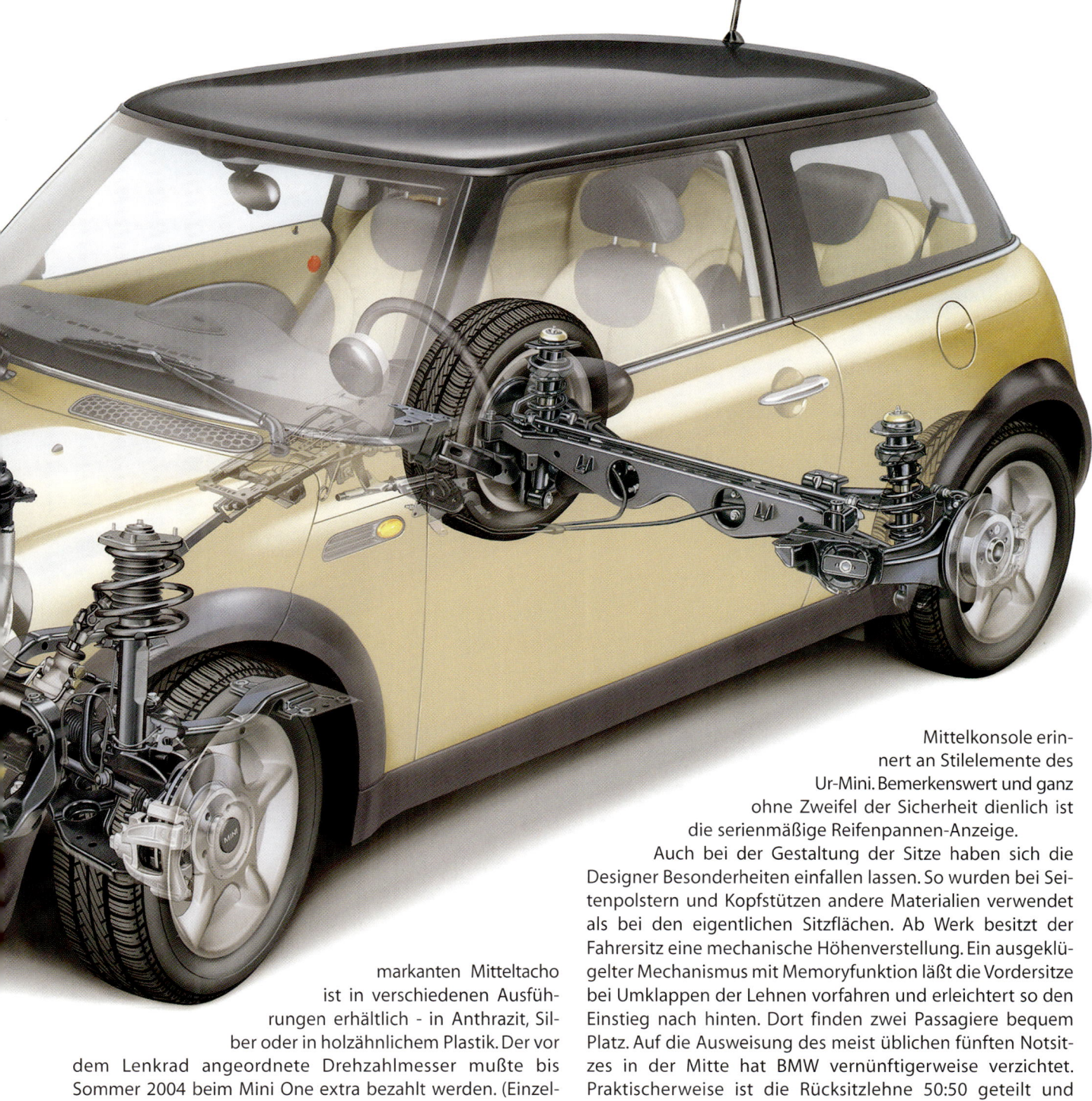

markanten Mitteltacho ist in verschiedenen Ausführungen erhältlich - in Anthrazit, Silber oder in holzähnlichem Plastik. Der vor dem Lenkrad angeordnete Drehzahlmesser mußte bis Sommer 2004 beim Mini One extra bezahlt werden. (Einzelheiten zu Zusatzinstrumenten und weiteren Extras s. Kapitel Mini Cooper.) Es fehlt nicht an (teilweise kuriosen) Ablagen (z. B. Brillenhalter), das Handschuhfach läßt sich in Verbindung mit der optionalen Klimaanlage sogar kühlen (damit etwa die mitgeführte Kinder-Schokolade nicht schmilzt). Höhenverstellbare Lenksäule und Airbags sind selbstverständlich. Eine Leiste mit bis zu sechs Kippschaltern unten in der

Mittelkonsole erinnert an Stilelemente des Ur-Mini. Bemerkenswert und ganz ohne Zweifel der Sicherheit dienlich ist die serienmäßige Reifenpannen-Anzeige.

Auch bei der Gestaltung der Sitze haben sich die Designer Besonderheiten einfallen lassen. So wurden bei Seitenpolstern und Kopfstützen andere Materialien verwendet als bei den eigentlichen Sitzflächen. Ab Werk besitzt der Fahrersitz eine mechanische Höhenverstellung. Ein ausgeklügelter Mechanismus mit Memoryfunktion läßt die Vordersitze bei Umklappen der Lehnen vorfahren und erleichtert so den Einstieg nach hinten. Dort finden zwei Passagiere bequem Platz. Auf die Ausweisung des meist üblichen fünften Notsitzes in der Mitte hat BMW vernünftigerweise verzichtet. Praktischerweise ist die Rücksitzlehne 50:50 geteilt und umklappbar. Dadurch läßt sich das Kofferraumvolumen von (mickrigen) 150 auf bis zu (noch keineswegs üppigen) 670 Liter vergrößern.

Erstmals leicht überarbeitet präsentierte sich der Mini im Juli 2004. Innen waren die zwei Trennfugen am Instrumententräger entfallen. Der Drehzahlmesser auf der Lenksäule gehört jetzt bei allen Typen zur Grundausstattung. Weitere

Verbesserungen sind größere Armauflagen, eine zusätzliche Ablage in der Mittelkonsole, ein größerer Cupholder im Fond, eine seitliche Sonnenblende auf der Fahrerseite, ein Beifahrer-Haltegriff am Dachhimmel, ein größerer Innen-Rückspiegel und eine neu gestaltete Bedieneinheit am Dachhimmel.

Die Digitaluhr wanderte 2004 in den Tachometer, erhöhte Seitenwangen an den Vordersitzen optimieren nun den Seitenhalt. Neue Bezüge und Farben gehörten ebenfalls zum Renovierungspaket 2004. Optional ist ein sogenanntes „Cockpit Chronopack" erhältlich - ein Zentralinstrument mit drei Rundinstrumenten für Tankinhalt, Öl- und Wassertemperatur sowie Öldruck. Der Rundtachometer sitzt in diesem Fall dann neben dem Drehzahlmesser auf der Lenksäule.

Links: Extrem langhubige Gasdruckfedern stemmen die einteilige Fronthaube des Mini in die Höhe (5/2001). Unten rechts: der gemeinsam mit Chrysler entwickelte und in Brasilien gebaute „Pentagon-Motor", hier in der Standardausführung für den Mini One.

wurde, darf nicht verwundern: Autos ohne Brems- und Fahrwerkselektronik lassen sich heute nicht mehr verkaufen, vor allem dann nicht, wenn es sich um ein teures Qualitäts- und Lifestyleprodukt handelt wie den Mini.

Aufwendige Sicherheitstechnik an allen Ecken

Der Mini One wird - wie die stärker motorisierten Cooper-Typen - über vier kräftig dimensionierte, vorn innenbelüftete Scheibenbremsen verzögert (Größe 276 x 22 mm, hinten 259 x 10). Die Bremsanlage mit diagonaler Zweikreisaufteilung verfügt serienmäßig über Vier-Sensoren-ABS, elektronische Bremskraftverteilung (EBD) und Kurvenbremsregelung (CBC). Das EBD-System steuert die Verteilung der hydraulischen Bremskraft zwischen den Vorder- und Hinterrädern und ermöglicht so die optimale Nutzung auch der Hinterradbremsen: Wenn die Hinterachse des Fahrzeugs beispielsweise durch volle Beladung stark belastet ist, wird hier automatisch die Bremskraft erhöht. Wenn das Fahrzeug jedoch nur wenig beladen ist, erreichen die Hinterräder beim Bremsen viel früher die Haftungsgrenze als die Vorderräder.

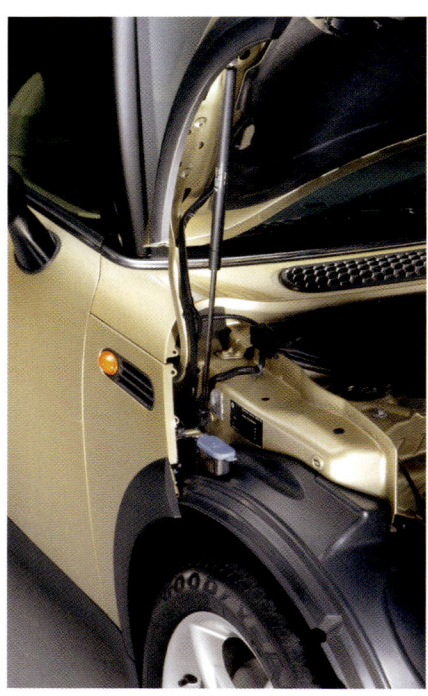

Ein Sicherheitskonzept auf dem neuesten Stand der Technik, das zudem neue Maßstäbe in der Kleinwagenklasse setzen sollte, war einer der wesentlichen Punkte des Lastenheftes. Daß für die Erreichung dieses Ziels reichlich auf elektronische und entsprechend komplizierte Hilfssysteme zurückgegriffen

EBD hat die Aufgabe, diese Situation erst gar nicht entstehen zu lassen.

Zusätzlich sind alle Mini-Modelle mit der Kurvenbremsregelung CBC („Cornering Brake Control") ausgestattet. CBC ermöglicht eine optimale Ausnutzung der Hinterachsbremsleistung ohne zusätzliche Risiken für die Spurstabilität. Bremst ein Fahrer zum Beispiel in einer schnellen Kurvenpassage, kann dies auch schon bei leichtem Bremsdruck zum Übersteuern und Ausbrechen des Autos führen. Mit Hilfe einer speziellen Rechensimulation kann CBC aus den Signalen der vier ABS-Sensoren die Querbeschleunigung ermitteln. CBC erkennt die Kurve und steuert blitzschnell den Bremskraftaufbau so, daß die Bremskraft am kurvenäußeren Vorderrad schneller aufgebaut wird als an den anderen Rädern. Dies wirkt zuverlässig der Eindrehtendenz entgegen und trägt dazu bei, Unfälle zu verhindern. Gegen Aufpreis sind Mini One und Cooper - wie die Modelle von BMW - mit Traktions- und

Schnittbild des Vierzylinder-„Pentagon"-Motors (Mai 2001) in der 90-PS-Version des Basis-Modells One. Eine im Ölbad laufende Rollenkette treibt von der Kurbelwelle aus die obenliegende Nockenwelle an, die über Kipphebel auf die 16 Ventile wirkt. Für den Antrieb der Nebenaggregate ist ein freilaufender Zahnriemen zuständig.

stet. Dadurch kann der Fahrer auf einen Druckverlust reagieren, bevor der Reifen beschädigt wird oder es gar zu einer Gefahrensituation kommt (technische Einzelheiten s. ebenfalls Kapitel Mini Cooper). Darüber hinaus kann der Mini in Fällen, wenn der Kunde 16- oder 17-Zoll-Räder ordert, mit Reifen ausgestattet werden, die Notlaufeigenschaften aufweisen (verstärkte Seitenwände, hitzebeständiger Gummi). Funktionen wie ABS, Traktionskontrolle oder dynamische Stabilitätskontrolle werden bei Druckabfall an diesem Reifen nicht beeinflußt. Dadurch kann der Fahrer auch nach einem Reifendruckabfall seine Reise fortsetzen - mit maximal 80 km/h und bis zu 150 Kilometer weit.

Auch in puncto passive Sicherheit ist der Mini auf der Höhe der Zeit. Vier Airbags sind serienmäßig, wobei die beiden Frontairbags sogenannte Smartbags sind: Sie entfalten ihre Kraft bei einem Aufprall abhängig von den einwirkenden Kräften. Die beiden Seitenairbags sind in

Stabilitätskontrolle (ASC + T, DSC) lieferbar (mehr dazu im Kapitel Mini Coooper).

Als erstes Fahrzeuge seines Segments ist der Mini serienmäßig mit einem System zur Reifenpannenanzeige ausgerü-

den Außenpolstern der vorderen Sitze verborgen und schützen Fahrer und Beifahrer gegebenenfalls wirksam vor Thoraxverletzungen. Auf Wunsch wird ein Kopfairbagsystem (AHPS 2 = „Advanced Head Protection System") für Front- wie Fondpassagiere in den Dachhimmel entlang der Seitenwände integriert. Dreipunktsicherheits-gurte mit Gurtstraffern und Gurtkraftbegrenzern für die Frontsitze runden das Paket ab.

Getreu den in Jahrzehnten gereiften, sehr hohen BMW-Standards ist die aufwendig abgestimmte Karosseriestruktur Basis für eine bestmögliche passive Sicherheit. Die Steifigkeit der Karosserie soll zwei bis dreimal höher liegen als die bestimmter Konkurrenzmodelle. Bei einer auftretenden Verwindungskraft von 24. 500 Nm verwindet sich die Karosserie nur um ein Grad. Die Vorteile: geringe Schwing- und Vibrationsneigung, konstant gutes Handling auch auf schlechter Fahrbahn und bei sportlicher Fahrweise, äußerst widerstandsfähige Fahrgastzelle bei einem Unfall.

Vorbildlich im Hinblick auf aktive und passive Sicherheit

Das gesamte Crashverhalten liegt auf dem bekannt hohen BMW-Niveau. So sorgen der quereingebaute Frontmotor, sein Sitz und seine Position sowie die gesamte Karosserie nebst den stabilen Querstreben und den robusten Materialien dafür, daß der Fahrgastraum geschützt bleibt. Breite, energieabsorbierende Zonen verhindern ein Eindringen von Gegenständen in den Fußraum. Zusätzlich nimmt die Vorderachse Energie auf und leitet sie über den Boden ab. Beim Referenz-Crashtest „Euro NCAP" (European New Car Assessment Programme) sowie beim US-amerikanischen NHTSA (National Highway Transport Safety Administration) erhielt der Mini vier von fünf möglichen Sternen. Das ist gut, aber es gibt auch noch das eine oder andere zu verbessern.

Als Sir Alec Issigonis den Mini im Jahre 1959 vorstellte, war dies eine echte Revolution der Fahrzeugkonstruktion. Der Ur-Mini war das erste Auto mit querliegendem Frontmotor und unter dem Motor liegendem Getriebe. Dadurch wurde im vorderen Be-

Fahrwerk des Mini mit allen Nebenelementen. Die aufwendige Fahrschemel-Konstruktion garantiert die nötige Stabilität. Die unten liegenden Querlenker der Vorderachse stützen sich über McPherson-Federbeine gegen die Karosserie ab. Die Lenkung arbeitet elektro-hydraulisch und ist mit 2,5 Umdrehungen von Anschlag zu Anschlag sehr direkt.

reich viel mehr Raum geschaffen, und Issigonis erreichte damit sein ehrgeiziges Ziel, eine kleine Familienlimousine zu bauen, die vier Erwachsenen Platz bot. Gleichzeitig gelang ihm damit die erste kleine Limousine, die sich wie ein Sportwagen fahren ließ.

Dieses Konzept ist mit der Neuauflage des Originals konsequent in die Gegenwart übertragen worden - der Mini ist ein Kleinwagen mit Frontantrieb und ausgezeichneten Fahreigenschaften, wie sämtliche Tests bestätigen. Bei gleichzeitig sehr niedrigem Schwerpunkt wurde die Gewichtsverteilung bei den Benzinern so ausgelegt, daß - bei leerem Fahrzeug - 63 % auf der Vorderachse und 37 % auf der Hinterachse liegen. Das bringt hervorragende Traktion. Mehrlenker-Hinterachse und CBS sorgen dafür, daß sich das leichte Heck in Kurven nicht selbständig macht.

Alle Mini Benziner werden durch Varianten des 1,6-Liter-"Pentagon"-Motors angetrieben, der gemeinsam von BMW und Chrysler entwickelt worden ist. Im Mini One leistet das 1598 cm³ große Vierzy-

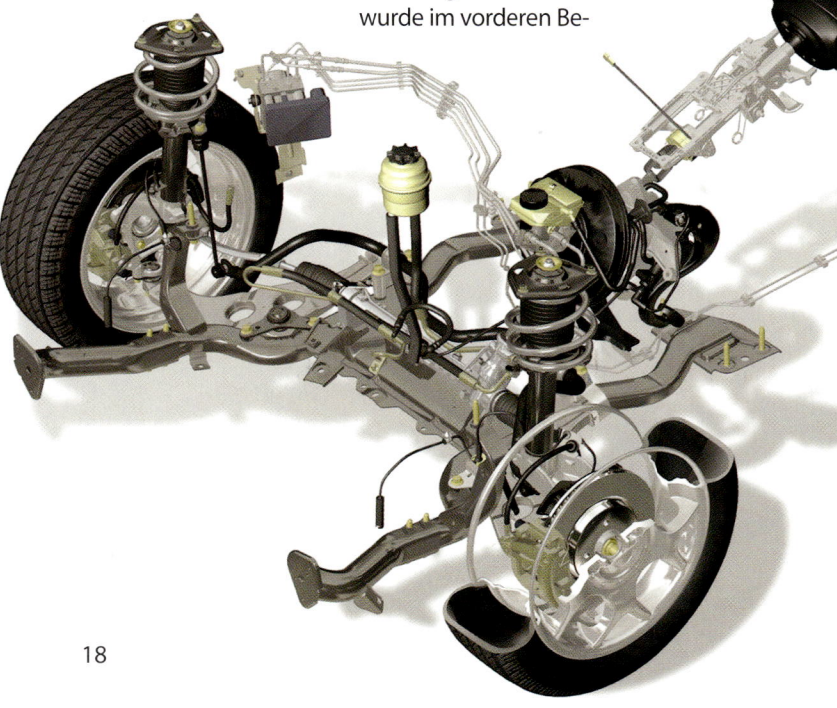

linder-Aggregat 90 PS (66 kW) bei 5500/min. Das maximale Drehmoment von 149 Nm liegt bereits bei 3000/min an. Der Pentagon-Motor erfüllt die EU4-Abgasbestimmungen und ist einer der wenigen Motoren auf dem Markt, der keine Sekundärlufteinblasung oder Abgasrückführung benötigt.

Die vier Ventile pro Zylinder, 16 also insgesamt, werden von einer obenliegenden, kettengetriebenen Nockenwelle gesteuert, wobei Rollenkipphebel auf hydraulische Ventilausgleichselemente wirken; ein Kontrollieren und Nachstellen des Ventilspiels ist damit „zeitlebens" überflüssig. Der Motorblock ist konventionell konstruiert und aus Grauguß; nur der Zylinderkopf besteht aus einer Aluminium-Legierung. Eine Besonderheit ist die „aktive

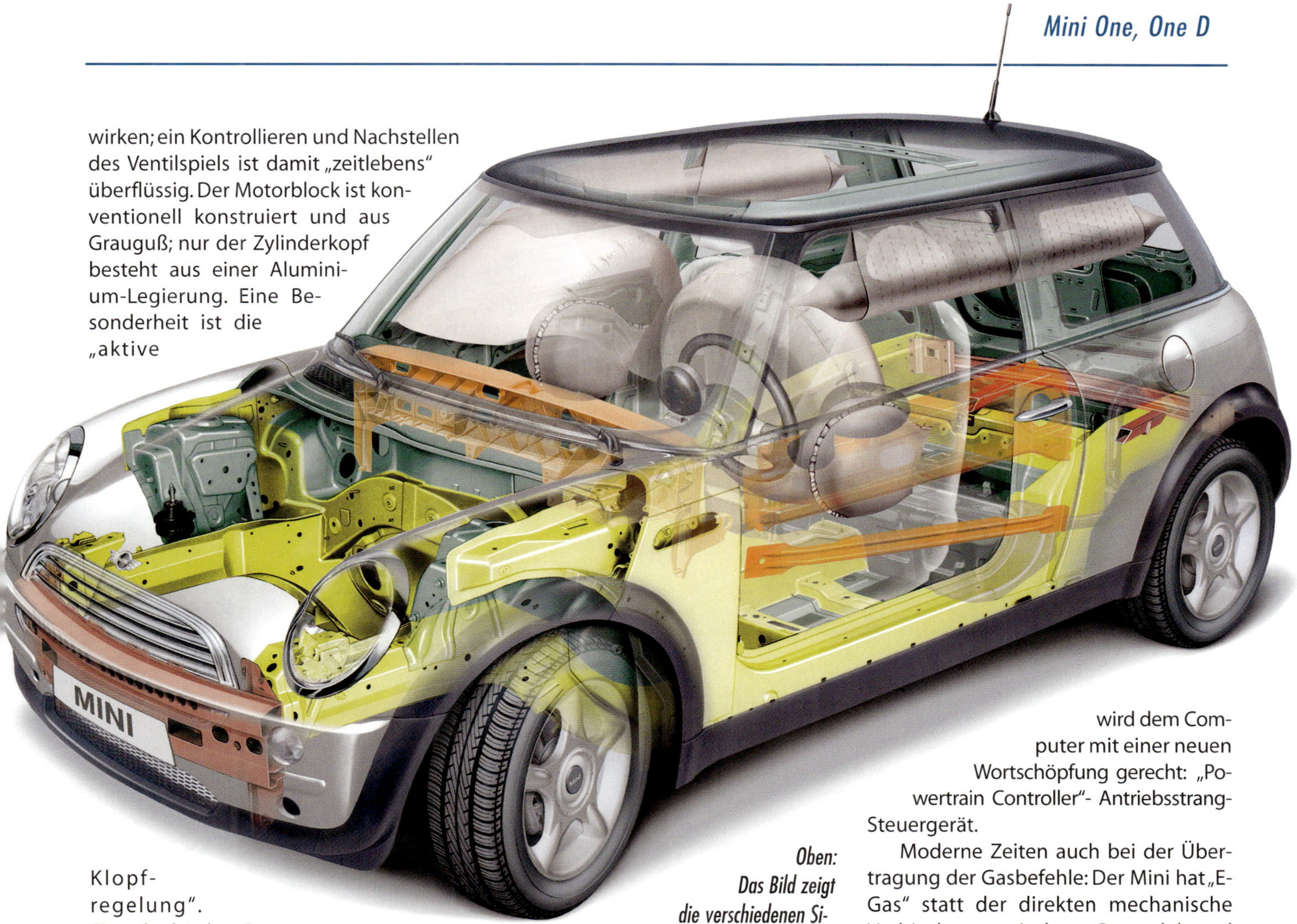

Klopf-
regelung".
Sie erlaubt den Betrieb des Motors nicht nur mit bleifreiem Kraftstoff, sondern läßt auch Oktanzahlen in der hohen Bandbreite von 91 bis 98 zu. Dadurch kann ein und dieselbe Motorabstimmung in praktisch allen Ländern der Welt eingesetzt werden, ungeachtet der örtlich verfügbaren Kraftstoffqualität. Außerdem gibt es keinerlei Beschränkungen, wenn verschiedene Kraftstoffqualitäten angeboten werden. Nur verbleiter Sprit ist verboten; er würde den Katalysator zerstören.

Ein Steuergerät von Siemens (Typ EMS 2000) kümmert sich um das Motormana-

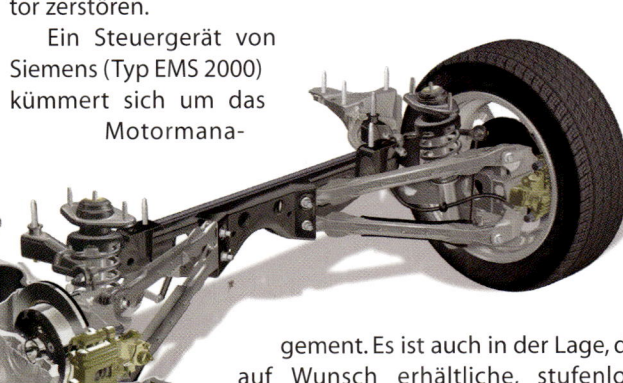

gement. Es ist auch in der Lage, das auf Wunsch erhältliche, stufenlose Automatik-Getriebe zu steuern. BMW

Oben:
Das Bild zeigt die verschiedenen Sicherheits-Elemente des Aufbaus. Gelb gefärbt sind alle Karosserie-Elemente, die bei einem Aufprall Energie aufnehmen. Rot und Orange: zusätzliche Verstärkungen. Gut zu erkennen ist das ausgeklügelte Airbag-System inklusive der Seiten-Airbags. Links: die Hinterachse des Mini mit ihren zentral angeschlagenen Doppel-Querlenkern und den Schraubenfeder-Stoßdämpfer-Einheiten. Die Reifen besitzen generell Notlauf-Eigenschaften.

wird dem Computer mit einer neuen Wortschöpfung gerecht: „Powertrain Controller"- Antriebsstrang-Steuergerät.

Moderne Zeiten auch bei der Übertragung der Gasbefehle: Der Mini hat „E-Gas" statt der direkten mechanische Verbindung zwischen Gaspedal und Motor per Seilzug und Gestänge. Jede Gaspedalbetätigung wird an den „Powertrain Controller" übertragen, der, wie BMW es gehoben formuliert „diese unter Berücksichtigung des jeweiligen Betriebszustandes interpretiert und die ideale Kraftstoffzufuhr bestimmt". Die Berechnung erfolgt sofort und ist unter normalen Bedingungen für den Fahrer nicht wahrnehmbar.

Das Steuergerät überwacht das Motordrehmoment, optimiert die Drehmomentwerte und gewährleistet eine gleichmäßige Gasannahme. Wenn das geforderte Drehmoment unter dem verfügbaren Maximalwert liegt, ist es für das Steuergerät möglich, den Zündzeitpunkt zurückzustellen und eine Drehmomentreserve zu schaffen. Der Fahrer empfindet dies als erfreulich schnelle Gasannahme insbesondere bei niedrigen Geschwindigkeiten.

Vom Konzept her soll sich der Mini nur selten in Werkstätten und an Servicestationen blicken lassen: Der erste Wartungsdienst für den Motor muß erst zwischen 16.000 und 20.000 km erfolgen. Danach liegen die Wartungsintervalle bei 25.000 bis 30.000 km - abhängig von der Beanspruchung und damit flexibel statt starr wie früher. Die Lebensdauer der Zündkerzen beträgt bis zu 90.000 km.

Wahlweise mit stufenlosem Getriebe

Bei dem bereits kurz angesprochenen Automatikgetriebe (lieferbar für Mini One und Mini Cooper) handelt es sich um ein leicht zu bedienendes, stufenloses „CVT"-Getriebe, das auch eine Steptronic-Steuerung enthält. Damit kann der Kunde wählen zwischen einer normalen Automatikbetriebsart für bequemes Fahren im Stadtverkehr und einer sportlicheren Betriebsart, die dem Fahrer praktisch eine moderne Sechsgang-Halbautomatik bietet. Die CVT-Box ist nur 15 kg schwerer als das handgeschaltete Fünfgang-Getriebe (Details zur CVT-Funktionsweise s. Kapitel Mini Cooper ab Seite 25). Das Automatikgetriebe blieb von der leichten Überarbeitung der Mini-Modelle im Sommer 2004 unberührt.

Die Vorderachse des Mini basiert auf dem konventionellen McPherson-Federbeinprinzip, besitzt aber - anders als preiswertere Kleinwagen - ein zusätzliches Antriebswellenlager für gleichlange Achswellen, was für eine bessere Rückmeldung bei Lastwechseln und damit für ein sichereres Fahrgefühl sorgt. Weil der Mini hinten sehr leicht ist, konnte auf eine teure Mehrlenker-Hinterachse, die für einen bestmöglichen Fahrbahnkontakt der Räder sorgt, nicht verzichtet werden. Alle Mini-

Der Verbrauch des Mini One D liegt je nach Fahrweise zwischen knapp fünf und sieben Litern auf 100 Kilometer. Im Bild ein Vorserienmodell 2002.

Versionen verfügen über einen Stabilisator an der Vorderachse. Seit Juli 2004 laufen alle Mini-Modelle mit optimiertem Antriebsstrang vom Band. Mini One und Mini Cooper besitzen seitdem ein neues Fünfgang-Getriebe mit kürzeren Übersetzungen, was sich aber nur unwesentlich auf die Fahrleistungen auswirkt.

Anders als der knochige Ur-Mini ist das moderne Pendant mit einer elektro-hydraulischen Servolenkung (BMW-Sprache: „EHPAS") ausgestattet, die durch ihr präzises Ansprechen überrascht. Das Lenkrad benötigt nur 2,5 Umdrehungen von Anschlag zu Anschlag - also extrem wenig. Kein Wunder, daß der Mini im Vergleich zu seinen Konkurrenten das sportlichste Feeling vermittelt und das beste Handling hat.

Unverwechselbar ist das Cockpit-Design des Mini (hier: Cooper 2001). Charakteristisch wie der Mitteltachometer sind die großen Luftausströmer und der Dehzahlmesser vor dem Lenkrad (beim One bis 2004 aufpreispflichtig). Unten: Mini One mit 1,6-Liter-Benzinmotor im September 2001.

Grundelement der Anlage ist eine Zahnstangenlenkung, die allerdings nicht von einer motorgetriebenen Hydraulikpumpe unterstützt wird, sondern von einer elektrisch und damit motorunabhängig angetriebenen Pumpe.

Kabelbäume oder gar Kabelsalat sucht man beim Mini vergeblich. Elektrik und Elektronik stützen sich vielmehr auf eine Multiplex-Infrastruktur. Das sogenannte „Daten-Bus-System" kommt mit einer sehr geringen Zahl von Leitungen, Kabeln und Steckern aus. Die Aufgaben sind auf zwei Hauptsysteme verteilt: Das CAN-Bus-System verbindet Motormanagement, Bremsen, Getriebe und Instrumente; das K-Bus-System ist für die Karosserieelektrik wie Innenbeleuchtung, Klimaanlage, Türen und Fenster zuständig. Außerdem ist es einfacher möglich, die heute gern vom Kunden geforderten Zusatzfunktionen, wie beispielsweise den auf Wunsch lieferbaren Regensensor, zu integrieren. Ein spezielles Scheinwerfersystem mit neuartigen Reflektoren produziert ein um 25 Prozent helleres Licht. Eine Zentralverriegelung mit Funkschlüssel verschließt oder öffnet sicher Türen, Heckklappe und Tank aus bis zu 15 Metern Entfernung. Eine Wegfahrsperre, die über einen Transponder im Fahrzeugschlüssel aktiviert wird, gehört zur Grundausstattung.

Ist der Basis-Mini One schon gut ausgestattet, bietet die Ausstattungsvariante „Salt" zusätzlich zu den sechs großen Ablageflächen Ablagenetze hinter den Vordersitzen, ein zusätzliches Innenlichtpaket, einen Drehzahlmesser auf der Lenksäule, ein RDS Radio mit sechs Lautsprechern und Nebellampen.

Seit Mai 2003 auch Turbodiesel-Version

Seit Mai 2003 (Produktionstart Anfang März) gibt es den Mini auch mit Turbodieselmotor. Anhänger der klassischen Mini-Philosophie mag es vielleicht bei dem Gedanken an einen Selbstzünder unter der Haube schaudern, doch die BMW Group reagiert mit dem Diesel-Mini lediglich auf die stän-

dig wachsende Nachfrage auf besonders wirtschaftliche Autos in Europa, vor allem in Italien, Deutschland, Großbritannien und Frankreich.

Das Turbodieseltriebwerk basiert nicht auf dem Pentagon-Motor, sondern wurde in zwei Jahren gemeinsam mit Toyota entwickelt und dann speziell für den Mini modifiziert. Der Grundmotor wird im Toyota-Motorenwerk Kamigo/Japan produziert und vor dem Einbau im Werk Oxford mit allen Mini-spezifischen Anbauteilen und Nebenaggregaten komplettiert.

Der kompakte, mit 18,5 : 1 verdichtete Vierzylinder-Motor schöpft bei einer Bohrung von 73 mm und einem Kolbenhub von 81,5 mm aus einem Hubraum von 1364 cm³ 75 PS (55 kW) bei 4000/min - und das mit Hilfe modernster Einspritztechnik, mit Turbolader und Ladeluftkühlung. Das maximale Drehmoment von 180 Nm steht dieseltypisch bereits bei 2000/min an.

Das Common-Rail-Diesel-Einspritzsystem der zweiten Generation arbeitet mit einer computergesteuerten Einspritzung, die den Kraftstoff zum optimalen Zeitpunkt und unter extrem hohem Druck direkt in den Brennraum spritzt. Über eine gemeinsame Leitung (Common-Rail), die gleichzeitig als Druckspeicher dient, werden die Einspritzdüsen mit Kraftstoff versorgt. Eine Hochleistungspumpe sorgt dafür, daß der Kraftstoff im Druckspeicher unter einem Druck von bis zu 1600 bar steht.

Das elektronische Motormanagement steuert Zeitpunkt und Dauer der Pilot- und Haupteinspritzung. Weil durch die Piloteinspritzung ein kleiner Teil des Kraftstoffs vor der eigentlichen Hauptmenge in die Brennräume gelangt, verbrennt das Kraftstoff-Luft-Gemisch weniger heftig als bei herkömmlichen Dieselmotoren. Durch den sanfteren Druckanstieg im Brennraum werden die dieseltypischen Verbrennungsgeräusche stark reduziert. Außerdem verbessert sich bei günstigeren Verbrauchswerten das Emissionsverhalten. Ein Oxidations-Katalysator trägt das Seine dazu bei (2003: EU3).

Das Design des „New Mini" erinnert rundum an den klassischen Vorläufer. Typisch für den Mini One 2001 ist der relativ kleine Lufteinlaß im Frontstoßfänger.

Zylinderkopf und (anders als beim Normal-Mini) auch das Kurbelgehäuse bestehen aus Leichtmetall. Trotzdem ist das Turbodiesel-Modell bei einem Leergewicht von 1175 kg 135 kg schwerer als der Mini One. Die vier Leichtmetallkolben laufen in verschleißfesten Zylinderbuchsen aus Grauguß. Jeweils zwei Ventile pro Zylinder steuern den Gaswechsel; sie werden über Schlepphebel von einer obenliegenden, kettengetriebenen Nockenwelle betätigt.

Mini One D zwar das derzeit sparsamste Automobil der BMW Group. In der Realität ist der Wagen allerdings merklich durstiger. Im Vergleichstest der Zeitschrift „auto, motor und sport" vom November 2003 gegen Citroën C2 1.4 HDi und VW Lupo 1.4 TDI lag der Mini D mit durchschnittlich 6,5 l/100 km deutlich über der Konkurrenz. Bei diesem Verbrauch und einem Tankvolumen von 50 Litern ergibt sich eine Reichweite von rund 770 km. Nur alle 25.000 km muß der Mini D zum Ölwechsel - dank moderner Hochleistungs-Öle, der ständigen Überwachung des Schmiermittelstands mittels Ölniveaugeber sowie den Einsatz eines Öl-/Wasser-Wärmetauschers.

„Milder Schwung" und knackiges Sechsgang-Getriebe

Das in dieser Klasse einmalige, serienmäßige Sechsgang-Schaltgetriebe, das auch im Mini Cooper S eingesetzt wird, sorgt für akzeptable, aber keineswegs außerordentliche Fahrwerte (Meßwerte „ams"): Spurt aus dem Stand auf Tempo 100 in 14,9 Sekunden, Höchstgeschwindigkeit im sechsten Gang 165 km/h. Fazit von „ams"-Tester Jörn Thomas: „Der milde Schwung des kultivierten Vierzylinders reicht zum gleichmäßigen Mitschwimmen - mehr nicht. Freude kommt beim Griff zum Schalthebel auf: Die massive Metallkugel durch die Gassen der stramm einrastenden Schaltbox zu dirigieren, entschädigt für mangelndes Motor-Temperament des mit 16.150 Euro ziemlich teuren Anglo-Bajuwaren."

Weil der Diesel-Direkteinspritzer den Kraftstoff sehr effizient umsetzt, gibt der Motor im Normalbetrieb nur wenig Abwärme an das Kühlwasser ab. Deshalb kann es bei winterlichen Temperaturen vorkommen, daß die Heizung nicht ausreichend mit Wärme versorgt wird. Der Mini One D hat für diese Fälle eine elektrische Zusatzheizung, die rasch für freie Scheiben und angenehme Innentemperaturen sorgt.

Trotz des höheren Gewichts der Antriebskomponenten konnte das Fahrwerk des Mini One mit tiefem Schwerpunkt, langem Radstand, breiter Spur und direkter Lenkung ohne Modifikationen übernommen werden. Sicherheits- und Technikausstattung von ABS und vier Bremsscheiben bis zu Servolenkung und höhenverstellbarer Lenksäule sind vollkommen identisch.

Neues dagegen im Karosseriebereich: Die in die Frontverkleidung integrierten Lufteintritte wurden zur besseren Belüftung des Ladeluftkühlers im Vergleich zum One-Modell vergrößert. An die Verkleidung schließen schwarze Schmutzabweiser aus Kunststoff an. Aus aerodynamischen Gründen wurden die Seitenschweller vom Cooper S übernommen. Chromeinfassungen finden sich an den Scheinwerfern und Heckleuchten sowie am Kühlergrill. Die Gehäuse der elektrisch verstellbaren Außenspiegel, die Lamellen im Kühlergrill und der Heckklappengriff sind schwarz. Im Gegensatz zum Mini One wird das Auspuffendrohr von der Heckschürze verdeckt. Auch das D auf der Heckklappe weist darauf hin, daß es sich um einen Diesel-Mini handelt.

Zwei unabhängige Poly-V-Riemen treiben zum einen die Lenkhilfepumpe der hydraulischen Servolenkung, zum anderen die Nebenaggregate wie Generator, Wasserpumpe oder Klimakompressor an. Ein Zweimassen-Schwungrad dämpft Motorschwingungen, die besonders bei niedrigen Drehzahlen auftreten können.

Im EU-Verbrauchstest ergibt sich ein Durchschnittsverbrauch von 4,8 Litern Diesel pro 100 km. Damit ist der

Nicht nur der Schriftzug weist beim Mini Diesel auf die Betriebsart hin, sondern auch die leicht modifizierte Heckpartie mit verdecktem Auspuffendrohr. Innen gibt es keine Unterschiede zum Benziner. Die Sitze bieten guten Seitenhalt.

Adel verpflichtet:
MINI COOPER

Cooper - ein großer Name, mehr noch: eine Legende. Doch als John Cooper im September 1961 (und damit zwei Jahre nach der Premiere des Ur-Mini) seinen ersten „Mini Cooper" mit 997 cm³ und 55 PS präsentierte, stand es noch in den Sternen, daß ein von der Philosophie her ähnliches, aber technisch vollkommen neu konstruiertes Mini-Modell unter der gleichen Flagge ins nächste Jahrtausend segeln würde. Der moderne Mini Cooper wurde von der BMW Group im Mai 2001 gemeinsam mit dem Mini One vorgestellt und ließ die Herzen der Fans sofort höher schlagen.

Im Sommer 2002 gab es den Mini Cooper auf Wunsch auch mit der britischen Fahne, dem „Union Jack", auf dem Dach. Mit 43 Prozent Anteil weltweit ist der Cooper das beliebteste Modell.

Bei einem Einstandspreis von 16.400 Euro war das sportlichere Modell 1900 Euro teurer als die Grundversion. Damals wurden die Preise parallel auch noch in DM angegeben: 32.075,61. Das waren fast 5000 DM mehr, als man für einen (zweifellos deutlich biedereren) VW Polo 1,4 16V Trendline hinlegen mußte. Im Vergleich zum billigsten BMW aber, dem 316 ti Compact mit 115 PS,

sparte der Käufer 8000 Mark. Und das war der Punkt: Der Cooper paßte hervorragend ins Preisgefüge von BMW und lockte Interessenten herbei, die zuvor nicht daran hatten denken können, sich ein Fahrzeug der bayerischen Edelmarke zuzulegen.

Die Fachzeitschrift „auto, motor und sport" stellte sofort die richtige Verbindung her und titelte im ersten Testbericht vom Juli 2001: „Der agilste BMW". Auch ansonsten bescheinigte das Blatt den Machern in München und Oxford, mit dem Mini schlechthin den Nagel auf den Kopf getroffen zu haben: „Der neue Mini (…) ist keine alberne Karikatur seines Vorgängers, sondern eine erfreuliche, in seiner emotionalen Art einmalige Bereicherung unter den meist freudlosen Kleinwagen."

Go-Kart-Feeling, optimales Handling

Das gegenüber dem Mini One leicht verbesserte Fahrwerk gar wurde in höchsten Tönen von „ams"-Tester Bernd Stegemann gelobt: „Besonders die hohe Steifigkeit und das geringe Spiel der Fahrwerkskomponenten (McPherson-Federbeine vorn, Mehrlenker-Hinterachse) sowie die elektrohydraulische, etwas schwergängige Zahnstangenlenkung sorgen für das gewünschte Go-Kart-Feeling. Wie der Cooper fast ohne Seitenneigung um die Ecken fegt, wie er sich in die Fahrbahndecke krallt, wie direkt und spontan er jeden Lenkimpuls umsetzt und mit leichtem Übersteuern in die Kurve einlenkt, ohne ins Nervöse, Tückische abzugleiten - das macht ihm so schnell keiner nach. Weder ein VW Lupo GTI noch ein BMW 325 ti Compact wieseln so flink durch den Slalom oder die VDA-Ausweichgasse."

Freche Front mit vergrößertem Lufteinlaß, Seitenschweller und 15-Zoll-Leichtmetallräder sind Merkmale des Mini Cooper. Die offizielle Präsentation war im Mai 2001; das Foto links entstand bereits im August 2000 und zeigt ein Vorserienfahrzeug.

Insgesamt hat der Cooper ein straffer abgestimmtes und um acht Millimeter tiefer gelegtes Fahrwerk als der One und besitzt an der Hinterachse einen Stabilisator. Der Querstabilisator an der Vorderachse ist stärker als beim Grundmodell. Serienmäßig rollt der Cooper auf (weiß oder silbern lackierten) Leichtmetallrädern, die ab Werk - wie beim One - mit 175/65 R 15 angemessen bereift sind. Auf Wunsch kann der Kunde aber auch 16- oder 17-Zoll-Räder haben - mit üppigerer Bereifung: 195/55 R 16 oder 205/45 R 17.

Fahrwerk auch bei 200 km/h noch nicht überfordert

Herz des Mini Cooper ist der ab Werk um 25 PS leistungsgesteigerte „Pentagon"-Vierzylinder mit einer obenliegenden, kettengetriebenen Nockenwelle, 16 Ventilen, fünffach gelagerter Kurbelwelle, LM-Zylinderkopf und Graugußblock. Während der One sich mit 90 PS (66 kW) bei 5500/min be-gnügen muß, entwickelt das Cooper-Triebwerk 115 PS (85 kW) aus dem gleichen Hubraum - 1598 cm³. Der Sprint von 0 auf 100 km/h gelingt in 9,3 Sekunden (Testwert „ams"), die vom Werk angegebene Höchstgeschwindigkeit von 200 km/h wird auch im Test erreicht. Wie bei Automobilen der sportlicheren Art üblich steht das maximale Drehmoment erst bei höherer Drehzahl zur Verfügung: 149 Nm bei 4500/min (Mini One: 140 Nm bei 3000/min). Der Testverbrauch von 8,4 Liter Super auf 100 km erscheint als nicht zu hoch. Auch der Cooper erfüllt die Abgasnorm nach EU 4.

Doch trotz der respektablen Fahrleistungen des Autos löste der Motor bei den Tests nicht das erwartete Aha-Erlebnis aus: „Trotz 115 PS und guter Fahrleistungen wirkt der 1,6-Liter-Vierventiler nicht übermäßig spritzig und überfordert weder Fahrwerk noch Traktion. Erst jenseits von 4000/min scheint er richtig aufzuwachen, um schon 1000 Umdrehungen später wieder in ein leichtes Loch zu fallen. Zumindest

So wurde der Mini Cooper im Mai 2001 erstmals der Presse vorgeführt.
Der 1,6-Liter-ohc-16-Ventil-Motor leistet 115 PS und sorgt für rund 200 km/h
Spitze. Die gleich starke Automatik-Version mit CVT-Getriebe ist etwas langsamer.

legt er dann jenen Klang an den Tag, den man bei niedrigen Touren bisweilen vermißt." („ams" 16/2001)

Ab Juli 2004 kam der Mini Cooper mit leicht modifziertem Outfit, verbessertem Innenraum und kürzer übersetztem Fünfgang-Getriebe daher (s.a. Kapitel „Mini One" ab S. 12); an Motorleistung und Fahrleistungen änderte sich sich aber nichts.

Die äußeren Unterschiede sind im Vergleich zum Basismodell minimal. Unter anderem können beim Cooper Dach und Außenspiegel - unabhängig von den verschiedenen Karosseriefarben - auch in Weiß oder Schwarz geordert werden. Bei einem Dach in Wagenfarbe sind die elektrisch verstellbaren Außenspiegel grundsätzlich schwarz. Die weißen Streifen auf der Motorhaube müssen extra bezahlt werden.

Mitteltacho, Tourenzähler am Lenkrad

Die serienmäßige Instrumentierung umfaßt beim Cooper auch den vor dem Lenkrad angeordneten Drehzahlmesser. In den Mitteltachometer sind alle nötigen Kontrollen wie Tankanzeige und Kühlmittelthermometer integriert. Wird das auf Wunsch lieferbare Navigationssystem mit 16:9-Anzeigedisplay geordert, wandert der Tachometer auf die Lenksäule und ist dort als zweites Instrument neben dem Drehzahlmesser zu finden (das ist bei allen Mini-Modellen dann so).

Der in die Motorhaube integrierte Kühlergrill des Mini Cooper zeigt (anders als beim schlichteren Grundmodell) vier horizontale Chromleisten. Die Stoßfänger können auch hier optional mit Chromeinlagen ausgestattet werden. Das Lufteinlaßgitter im vorderen Stoßfänger besteht aus verchromtem Stahl (Mini One schwarz lackiert). Türgriffe, Kühlergrill, Heckklappengriff, Auspuff sowie Ringe um die Front- und Heckleuchten sind beim Mini Cooper in Chrom gehalten.

Alternativ zum normalen, höhenverstellbaren Zweispeichen-Lenkrad sind alle Mini-Modelle mit Lederlenk-

Diese drei am 17. Oktober 2000 aufgenommenen Fotos zeigen ein Vorserienmodell des Mini-Cooper. Auf der Heckklappe fehlt noch das verchromte Cooper-Logo. Die extrem niederquerschnittigen Reifen entsprachen nicht der Serie.

rad, Holzlenkrad (innen mit Leder überzogen) oder Multifunktionslenkrad mit Radio- und Tempomatbedienung lieferbar. Darüber hinaus ist bei Wahl eines Steptronic-Automatikgetriebes dessen Bedienung vom Lenkrad aus optional möglich. Bei der Sonderausstattung „automatische Klimaanlage" werden Temperatur, Luftaustrittsstärke, Luftstrom und Luftzirkulation über eine zentrale Einheit mit LED-Anzeige eingestellt.

Die ergonomisch geformten Sitze mit ihren integrierten Seitenairbags bieten guten Komfort und gleichzeitig hohen Seitenhalt - wie es Cooper-Fahrer erwarten. Alternativ zu den serienmäßgen Stoffbezügen können (bei allen Mini-Modellen) eine Stoff-Lederkombination oder drei modellspezifische Lederaustattungen gewählt werden. Im Paket mit Stoff-Leder- oder Lederausstattung haben die Vordersitze „Lordosenstützen"; eine zweistufige Sitzheizung ist ebenfalls verfügbar; Sportflair verbreiten diese Zutaten wohl weniger... Immerhin ist der Cooper (wie die anderen Typen) auch ab Werk mit echten Sportsitzen lieferbar. Die Armauflagen im Cooper sind mit schwarzem Leder, (im Mini One mit Stoff) bezogen. Oberhalb der Einrahmung sitzen Türöffner und ein Lautsprecher.

Viele elektronische Fahrwerkshelfer

Neben dem serienmäßigen Brems-ABS ist auch der Cooper mit der bereits beim Mini One beschriebenen elektronischen Bremskraftverteilung (EBD) und der Kurvenbremsregelung (CBC) ausgerüstet. Auf Wunsch kann der Mini Cooper (wie die übrigen Typen) mit einer abschaltbaren Traktionskontrolle (ASC + T) ausgestattet werden. Das von BMW übernommene System verhindert wirksam ein Durchdrehen der Vorderräder beim Beschleunigen und garantiert Spurstabilität. Das Fahrzeug bleibt auch bei unterschiedlichem Grip an den Rädern beherrschbar und verhindert ein Blockieren der Räder, wenn sich die Straßenoberfläche ändert. Unabhängig davon, ob das „ASC + T"

Oben: das serienmäßige Cockpit des Mini Cooper von 2001 mit separatem Drehzahlmesser. Rechts: ein Rechtslenker-Cooper von 2001 mit Holzausstattung, Navigationssystem und Tourenzähler sowie Tacho auf der Lenksäule. Unten: Motorraum des Cooper 2004 mit nun kürzer abgestuftem Fünfgang-Getriebe und weiterhin 115 PS bei 6000/min.

aktiviert ist oder nicht, leuchtet in den genannten Fällen eine Warnlampe auf.

Ebenfalls optional verfügbar ist die von BMW her bestens bekannte Dynamische Stabilitätskontrolle (DSC). Das DSC ist eine Erweiterung des ABS und der ASC + T. Während diese Systeme die Längskräfte überwachen, überwacht und reguliert das DSC (anderswo „ESP" = Elektronisches Stabilitätsprogramm genannt) auch die auf das Fahrzeug wirkenden Seitenkräfte. Zusätzlich zu den ABS-Drehzahlsensoren an den Rädern nutzt das DSC weitere Systeme zur

und damit auch sein Umfang. Bedingt dadurch erhöht sich die Rotationsgeschwindigkeit dieses Rads. Das System mißt die Raddrehzahlen über die Sensoren der 4-Sensor-ABS-Anlage, stellt einen Vergleich der diagonal zueinander angeordneten Räder und ihrer Durchschnittsgeschwindigkeit her und erkennt so einen Luftdruckverlust. Dies meldet dem Fahrer dann eine Anzeige im Tachometer.

Weil dadurch größere Reifenschäden als Folge eines unbemerkten Druckverlustes vermieden werden, liegt statt eines Reserverads serienmäßig ein Notlaufset im Kofferraum, von BMW „Mini MS" (Mini Mobility System) genannt. Es umfaßt u. a. ein Dichtmittel und einen Kompressor, der an die Bordsteckdose angeschlossen werden kann. Bei Druckverlust im Reifen kann das Rad so mühelos abgedichtet und wieder

Links: Blick ins Cockpit eines Vorserien-Cooper vom Oktober 2000. Rechts: Beim ab Juli 2004 verkauften Cooper finden sich ein neues Dreispeichen-Lenkrad, Sitze mit besserer Seitenführung und anderen Bezügen sowie einige Modifikationen im Detail. Unten rechts: Innenraum des ersten Serien-Cooper vom Mai 2001. Die Vordersitze fahren weit vor, wenn hinten Platz genommen werden soll („Easy-Entry-System").

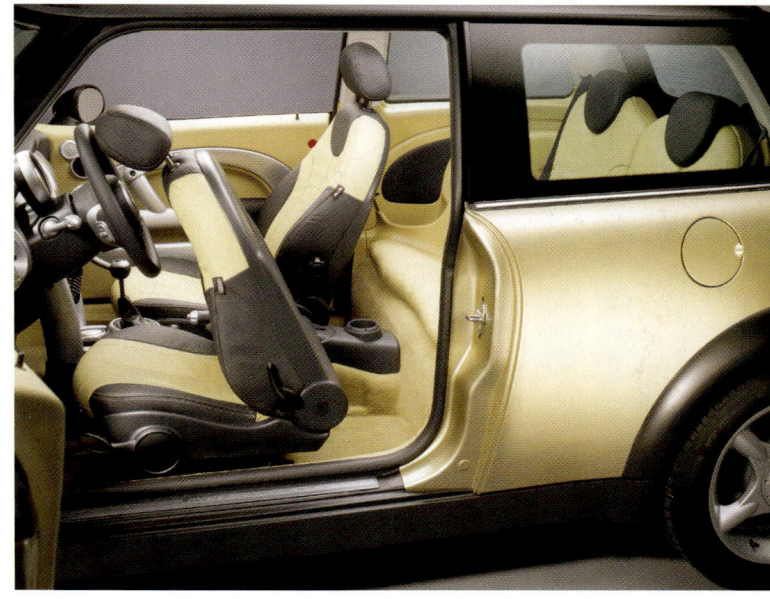

Messung des Bremszylinderdrucks (um zu ermitteln, ob und wie der Fahrer bremst), des Lenkradeinschlags (um die vom Fahrer gewählte Spur zu erkennen) und der auf das Fahrzeug wirkenden Querbeschleunigungen. Wenn das Fahrzeug von der vorgesehenen Spur kritisch abweicht, greift das System ein, indem es die Bremskraft an den einzelnen Rädern variiert und das Motordrehmoment über das Motorsteuergerät verändert. Beim Übersteuern bremst das DSC-Steuergerät das äußere Vorderrad, beim Untersteuern das kurveninnere Hinterrad ab.

Wie bereits im Kapitel „Mini One" erwähnt, sind alle Mini-Modelle serienmäßig mit einem System zur Reifenpannenanzeige ausgerüstet. Das System funktioniert nach folgendem Prinzip: Bei einem Luftdruckverlust verringert sich der Abrollradius des Reifens

Antriebsleistung vom Motor übertragen und die Übersetzungen stufenlos variieren. Die Riemenscheiben sind zweigeteilt, so daß die lichte Weite des V-förmigen Raumes zwischen den Hälften variiert werden kann, wodurch der Radius, den der Riemen um die Riemenscheibe nehmen muß, vergrößert oder verringert wird.

Der bereits beim One-Modell beschriebene, mit dem Motormanagement gekoppelte „Powertrain Controller" überwacht ständig die Stellungen der Riemenscheiben und gewährleistet, daß für die jeweiligen Fahrbedingungen die geeignetste Getriebeübersetzung gegeben ist. Da das Übersetzungsverhältnis unendlich und stufenlos variiert werden kann, erfolgt die kontinuierliche Justierung vollkommen weich ohne irgendwelche „Stufen" in den Übersetzungen.

Optional stufenlose Getriebe-Automatik

Der Wahlmechanismus für das stufenlose Getriebe erfolgt in Längsrichtung mit Schaltpositionen für Parkstellung, Rückwärtsgang, Neutralstellung und Drive- oder Automatikmodus. Angezeigt werden diese Stellungen durch die Buchstaben P, R, N und D, wobei eine LED neben jedem Buchstaben die jeweilige Schalthebelposition markiert.

Betont sportliches Fahren ermöglicht die Steptronic-Steuerung. Um in die Betriebsart Sport zu schalten, muß der Fahrer den Schalthebel aus der Position „D" nach links in die Position „S" bewegen. Der Sportmodus beinhaltet eine sportlicher ausgelegte Abstimmung des stufenlosen Betriebs. Wenn er den ersten manuellen Schaltvorgang ausführt, indem er den Wählhebel nach vorne oder zurück tippt, schaltet das Getriebe automatisch vom Sportmodus in die Betriebsart Steptronic um.

In der Betriebsart Steptronic besteht die wichtigste Änderung gegenüber der Betriebsart „D" oder „S" darin, daß sechs feste Übersetzungen vorhanden sind. Diese „Gänge" werden dadurch „geschaffen", daß das CVT-Getriebe

Eine leicht modifizierte Frontschürze mit zusätzlicher Chromstange im Lufteinlaß, neue Klarglas-Scheinwerfer, ein geänderter Heckstoßfänger, und technisch wie optisch verbesserte Heckleuchten mit integrierten Rückfahr-Spots sind charakteristisch für den ab Juli 2004 verkauften Mini Cooper.

aufgepumpt werden, so daß ohne Reifenwechsel die nächste Werkstatt erreichbar ist. Auf Wunsch ist jedoch alternativ auch ein Notrad lieferbar.

Auch der Cooper ist wahlweise mit CVT-Automatikgetriebe mit serienmäßiger Steptronic-Steuerung zu haben. Dieses stufenlos arbeitende Getriebe unterscheidet sich stark von einem konventionellen Automatikgetriebe. Wo konventionelle Systeme einen Drehmomentwandler benötigen, arbeitet das stufenlose Getriebe mit einer Ölbad-Mehrscheibenkupplung, die elektronisch gesteuert wird. Das Getriebe selbst läuft ähnlich, wie es von modernen Automatik-Rollern her bekannt ist. Ein Stahlantriebsriemen mit fester Länge verbindet zwei doppelt-kegelförmige Riemenscheiben, die die

Beide Bilder zeigen den Cooper der ersten Serie vom Sommer 2001. Der Rückfahrscheinwerfer befindet sich hier noch unter dem Stoßfänger.

elektronisch auf sechs bestimmte Übersetzungen anstatt der üblichen stufenlos wählbaren Übersetzungen begrenzt wird. Die Steptronic Funktion erlaubt es, den Motor bis 6000/min hochzudrehen. Schutzschaltungen verhindern Fehlbedienungen, die Motor oder Getriebe beschädigen könnten.

Als Zusatzausstattung wird ein Lenkrad mit Steptronic-Schaltern angeboten. Die Schalter befinden sich an der Vorder- und Rückseite des Lenkrads auf einer kleinen Erhöhung auf den Lenkradspeichen. Mit den Schaltern auf der Oberseite des Lenkrads werden die

Gänge hochgeschaltet, mit den Schaltern auf der Rückseite nach unten. Der Fahrer kann dann in der Betriebsart Steptronic die Gänge alternativ mit Hilfe dieser Schalter wählen.

Die Beschleunigung aus dem Stand ist in beiden Betriebsarten, also CVT und Steptronic, besonders weich, da die elektronisch geregelte Kupplung bis zu einer Drehzahl von 2000 Umdrehungen nicht sofort die volle Leistung überträgt; stattdessen wird die abgegebene Leistung eingeschränkt und gleichmäßig übertragen, wodurch ein angenehmes und weiches Beschleunigungsverhalten erzielt wird. Beide Betriebsarten, CVT und Steptronic, besitzen eine „Kickdown"-, „Fast-off"- (Schnellstart) und „Downhill"- (Gefälle) Funktion. Die „Crawler"-Betriebsart (Kriechgang) bei konventionellen Automatikgetrieben wurde für das CVT- und Steptronic-System elektronisch realisiert. So viel Technik in einem Kleinwagen war bislang unvorstellbar. Zu hoffen bleibt nur, daß die komplizierten Elektronik-Systeme auch die erforderliche Langzeit-Zuverlässigkeit besitzen.

Als Extras sind für alle Mini-Typen Scheinwerferwaschanlage, Xenon-Scheinwerfer, Nebelleuchten und Alarmanlage

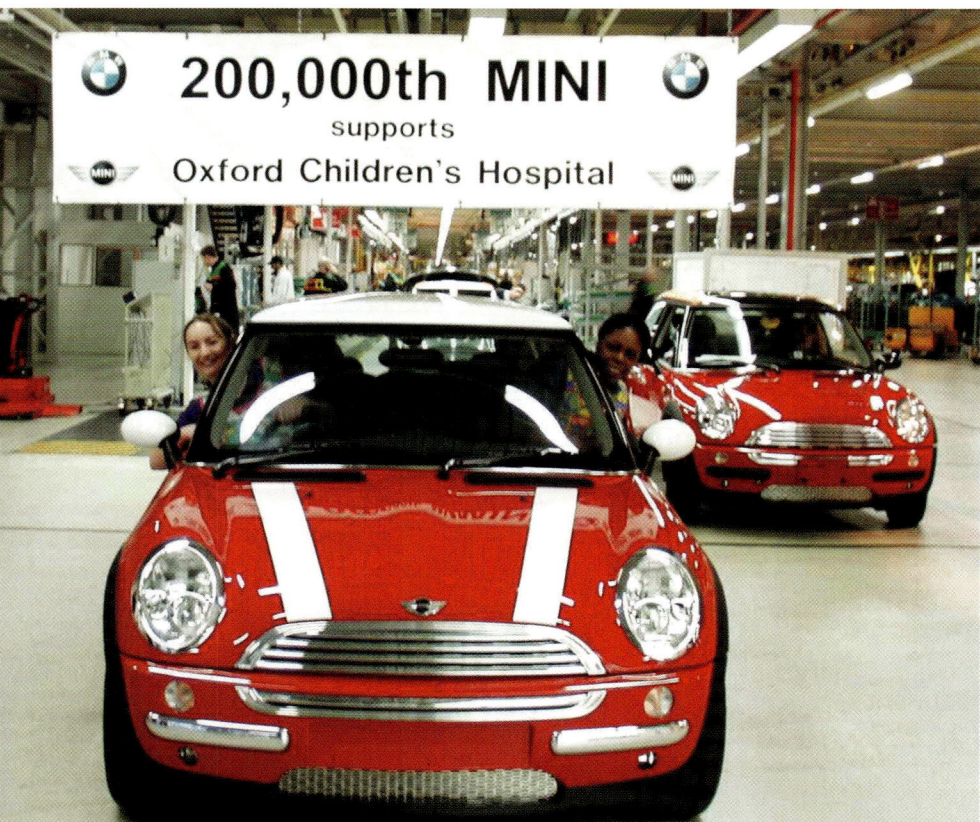

Oben: Heckansicht des Mini Cooper 2001; weit öffnende Klappe und umlegbare Rücksitzlehnen erleichtern das Beladen. Unten links: Schon im Dezember 2002 lief der 200.000ste Mini vom Band, hier in Gestalt eines roten Cooper. Das gelbe Auto ist ein Cooper S von November 2002 mit elektrisch zu betätigendem Faltdach.

Oben: Den Weihnachtsmann setzte die Mini-PR-Abteilung im Dezember 2002 in den Mini Cooper. Links: Gute Werte erzielte der Cooper beim US-Crashtest der NHTSA im Oktober 2002.

erhältlich. Das Alarmsystem reagiert auch auf Anheben oder Verschieben des Fahrzeugs. Bereits das Basis-Audiosystem enthält sechs Lautsprecher - vier in den Fronttüren und zwei seitlich im Fond. Sogar ein „Harmon Kardon Hi-Fi System" mit acht Lautsprechern und digitalen Verstärker ist lieferbar. Einzelkomponenten erlauben es, ein komplettes Soundsystem maßgeschneidert zusammenzustellen. Weitere in der Klasse nicht übliche Hightech-Features sind ein Navigationssystem mit 16:9-Farbdisplay oder ein Telefon. Auch ist ein

Regensensor lieferbar, der den Scheibenwischer abhängig von der Regenmenge auf der Frontscheibe steuert.

Darüber hinaus bietet die BMW Group als Mini-Hersteller den Cooper in zwei Ausstattungsvarianten an: „Pepper" und „Chili". „Pepper" umfaßt Ablagenetze zur Ergänzung der Ablagefächer, Stoßfänger mit Chromeinlagen, ein silberfarbenes Interieur, spezifische 15-Zoll-Alu-Räder, ein RDS-Radio mit sechs Lautsprechern sowie ein Innenlichtpaket und Nebelscheinwerfer. „Chili" wendet sich mehr an den sportlich orientierten Cooper-Fahrer.

Mit 17-Zoll-Leichtmetall-Rädern im Design klassischer Cooper-Formel-Rennwagen war im Mai 2001 der auf diesen Seiten gezeigte Mini Cooper ausgerüstet. Das knallig lackierte und sinnlich gezeichnete Auto reizt zum Spiel mit Formen und Farben.

Mit den Sonderausstattungs-Paketen „Pepper" und „Chili" läßt
sich der Mini Cooper weiter aufwerten. Lieferbar sind Sportsitze,
Dachspoiler, Lederlenkrad und Sportfahrwerk mit Spezial-LM-
Rädern. Im Bild das Erstserien-Modell vom Sommer 2001.

Die Schnelligkeit des Seins:
MINI COOPER S

Kein anderes Modell hat den sportlichen Charakter der Marke Mini stärker geprägt, als der Mini Cooper S. Das üppig motorisierte Topmodell mit Frontantrieb hat rund um den Globus sowohl im Straßenverkehr als auch auf Rennstrecken und Rallye-Pisten über vier Jahrzehnte Automobilgeschichte geschrieben.

Im Frühjahr 1963 stellte die britische Rennsport-Ikone John Cooper den ersten Mini Cooper S der Öffentlichkeit vor. Wenige Monate nach seinem Debüt erzielte die finnische Rallye-Legende Rauno Aaltonen mit dem sportlichen

Auf der Tokyo Motorshow im Oktober 2001 hatte der Mini Cooper S seine Weltpremiere. Die hier gezeigte Werksaufnahme stammt vom März 2002 und entstand in den Alpen.

Topmodell bei der „Coupe des Alpes" bereits den ersten Sieg. (Der Altmeister leitet heute unter anderem das Mini-Fahrertraining in München).

Der erste Mini Cooper S war für damalige Verhältnisse schon ordentlich motorisiert. Der quer eingebaute 1,1-Liter-Vierzylinder-Ohv-Motor leistete mit untenliegender Nockenwelle und obenliegenden Ventilen 70 PS und ent-

Ob am Palmenstrand in Australien (links, Aufnahme vom September 2002) oder in der City von New York (oben, Juni 2002) - der Mini Cooper S macht überall eine gute Figur. Rund 20 Prozent aller Mini-Käufer entscheiden sich für die 220 km/h schnelle S-Version.

wickelte ein maximales Drehmoment von 92 Nm. Aus dem Stand beschleunigte das Auto binnen 9,5 Sekunden auf Tempo 80. Der 148 km/h schnelle Kleinwagen mit den winzigen Zehn-Zoll-Rädern war dank seiner Agilität, Wendigkeit und souveränen Straßenlage bald ein Begriff in der Automobilwelt. Der Vorläufer des modernen Topmodells sorgte im Januar 1964 für eine Sensation im Motorsport: Paddy Hopkirk gewann mit einem Mini Cooper S die weltberühmte Rallye Monte Carlo. Zwei weitere Siege (1965 und 1967) sollten folgen (Fotos und Details s. Kapitel „Mini History" ab Seite 107).

Von der ersten Cooper S-Serie 1963 bis 1971 wurden mehr als 45.000 Exemplare in drei verschiedenen Motorvarianten mit 970, 1.071 und 1.275 cm³ Hubraum produziert. Rover ließ 1992 den Mini Cooper wiederaufleben, mit dem 1275-cm³-Motor und geregeltem Katalysator. 1999 war sogar wieder ein Cooper S zu bekommen - mit 90 PS, Fahrer-Airbag und Fünfganggetriebe. Erst im Frühjahr 2001 und damit unmittelbar vor dem Debüt des „New Mini" ging die Ära des klassischen Mini zu Ende (s. a. „Mini History).

Weltpremiere „New" Mini Cooper S im Oktober 2001

Die sportlichen Gene des alten Modells wurden konsequent auf den neuen Mini Cooper S der BMW Group übertragen. Das geniale (heute in nahezu allen Klein- und Mittelklassewagen zu findende) Fahrzeug- und Antriebskonzept wurde beibehalten, doch unter der gewölbten Haube des Mini Cooper S von heute sorgt modernste Fahrzeugtechnik für maximalen Fahrspaß und optimale Insassensicherheit. Mit einer Motorleistung von zunächst 163 PS/120 kW (ab Sommer 2004 170 PS/125 kW) und einem maximalen Drehmoment von 210 (220) Nm bei 4000/min ist die 19.800 Euro teure Fahrmaschine (Preis von 2001/2002) 218 (222) km/h schnell und beschleunigt in 7,4 Sekunden von Null auf Tempo 100. Ihre Weltpremiere hatte der Sport-Mini im Oktober 2001 auf der Tokyo Motor Show.

Herz des leistungsstärksten Mini ist der auf dem Ohc-„Pentagon"-Triebwerk basierende 1,6-Liter-Vierzylindermotor, der dank Kompressoraufladung und Ladeluftkühlung 163/170 PS realisiert. Die satte Leistung garantiert zusammen mit dem serienmäßigen Sechsgang-Schaltgetriebe, dem für einen Kleinwagen langen Radstand von 2467 mm und dem speziell abgestimmten Sportfahrwerk den gewünschten Fahrspaß. Klaus Westrup resümierte im Test von „auto, motor und sport" (Mai 2002): „Der Cooper S ist etwas ganz Besonderes unter seinesgleichen, ein echter Gran Turismo im Reich der Auto-Zwerge. Er ist schnell, liegt gut, bietet fühlbare Qualität und unerwartete Kultiviertheit. So relativiert sich auch der Preis von knapp 20.000 Euro. Viel, aber für einen kleinen Porsche nicht zu viel."

Feeling wie in einem kleinen Porsche

Eine breite Lufthutze auf der Motorhaube kündet davon, daß der Cooper S -Motor trotz nur einer obenliegenden Nockenwelle aus dem Vollen schöpft. Für den Einsatz im Cooper S wurde der in milderer Form auch im Mini One bzw. im Cooper anzutreffende „Pentagon"-16-Ventilmotor mit einem mechanisch angetriebenen Kompressor (Typ Eaton M45) und einem Ladeluftkühler optimiert. Vom Kompressor wird die angesaugte Frischluft auf einen Überdruck von 0,8 bar verdichtet. Weil sich die Luft beim Verdichten aber erwärmt, wird sie in einem Ladeluftkühler wieder abgekühlt, bevor sie in den Brennraum gelangt. Dadurch erhöhen sich Füllungsgrad und Maximalleistung des Motors deutlich. Die Höchstleistung von 163 (2001 bis 2004) bzw. 170 PS (ab Sommer 2004) wird gleichermaßen bei 6000/min erreicht.

Mini Cooper S in der Erstversion vom Winter 2001/2002. Seitenschweller, extra breiter Lufteinlaß im Frontstoßfänger und Lufthutze auf der Motorhaube gehören zu den Erkennungsmerkmalen.

Wegen der höheren thermischen und mechanischen Belastung mußten Kurbelwelle, Kolben, Ventile, Kühler und Parameter im Motormanagement modifiziert werden. Ausserdem wurde das Verdichtungsverhältnis von 10,6 : 1 (Cooper) auf 8,3 : 1 zurückgenommen. Bohrung und Hub des Grundmotors sind identisch mit den Werten von Mini One und Mini Cooper (77 x 85,8 mm). Auch die Abgasanlage wurde speziell auf das Topmodell zugeschnitten; es galt, einen der hohen Leistung entsprechenden Sound zu erreichen. Dies gelang mit einem in den Zwischenschalldämpfer integrierten Resonator. Klaus Westrup: „Ein dezentes Brummen ist zu hören, das unter Last überlagert wird durch einen metallisch klingenden Oberton. Das Räderwerk des mechanischen Laders meldet sich zu Wort - nicht gerade wie bei einem Vorkriegs-Mercedes-Silberpfeil, aber doch unüberhörbar."

Da der über einen Zahnriemen angetriebene Kompressor anders als ein Abgasturbolader kein verzögertes Ansprechverhalten zeigt, entwickelt sich das Drehmoment harmonisch bis zu einem Maximum von 210 (220) Nm bei 4000/min. Durch den Einsatz der sogenannten Drive-by-wire-Technik, bei der (wie bei den anderen Minis) ein Elektromotor anstatt eines herkömmlichen Gasseilzuges die Drosselklappe betätigt, reagiert der Motor sehr spontan auf den Druck aufs Gaspedal. Trotzdem bleibt irgendwie der erhoffte Kick aus: „Der Copper S ist aufgrund seiner Motorcharakteristik (...) kein wahrhaft wildes Tier. (...) Es ist kein Ritt auf der Kanonenkugel..." („ams" 11/2002)

Gleichwohl beschert das beträchtliche Leistungspotential in Verbindung mit dem noch akzeptablen Leergewicht von 1140 kg dem wendigen Viersitzer Fahrleistungen, die sonst

Am Heck unterscheidet sich der Cooper S durch den Luftaustritt und den zentralen Doppelauspuff von den übrigen Modellen. Die Höchstgeschwindigkeit wird im fünften Gang des serienmäßigen Sechsgang-Getriebes erreicht.

nur sportliche Automobile höherer Fahrzeugklassen erreichen. Aber nicht allein Spurtstärke und Endgeschwindigkeit, sondern auch die Durchzugskraft haben entscheidenden Einfluß auf den Fahrspaß. Der füllige Drehmomentverlauf - zwischen 2500 und 6500 Umdrehungen stehen 80 Prozent des maximalen Drehmoments zur Verfügung - läßt den Cooper S den Zwischenspurt von 80 auf 120 km/h im vierten Gang in nur 6,9, im fünften Gang in nur 8,7 Sekunden erledigen.

Optimale Entgiftung nicht weltweit

Der Kraftstoffverbrauch des Top-Mini liegt im EU-Verbrauchsmittel bei 8,4 Litern, im Test und bei „artgerechter" Fahrweise allerdings um zwei Liter höher. Umweltpolitisch eher brisant ist die Aussage von BMW zur Schadstoffemission: „Wie die beiden anderen Mini-Modelle erfüllt auch der Mini Cooper S alle länderspezifischen Abgasnormen. In Ländern, die einen entsprechenden Steuervorteil ermöglichen, wird die EU4-Abgasnorm erfüllt." Das bedeutet im Klartext: Katalysator und andere High Tech-Tricks für Industrieländer mit repressiver Umweltpolitik, Schadstoffe as usual für den Rest der Welt. BMW ist nicht alleine: Alle Fahrzeughersteller entgiften gestaffelt nach dem „Entwicklungsstand" der Länder - obwohl die Atmosphäre ja bekanntlich unteilbar ist.

Damit die Leistung des aufgeladenen Vierzylinders möglichst wirkungsvoll in Vortrieb umgesetzt werden kann, ließ BMW für den Cooper S ein spezielles Sechsgang-Schaltgetriebe entwickeln; wie im Kapitel „Mini One" bereits ausgeführt, wird dieses Getriebe auch in den Diesel-Mini eingebaut. Da der sechste Gang sehr lang übersetzt ist und daher eher Schoncharakteristik besitzt, wird die Höchstgeschwindigkeit von 218 km (Werksangabe Modell 2001/ 2004 = Testwert, was selten ist!) bereits in der fünften Schaltstufe erreicht.

Seit Juli 2004 tritt der Cooper S, wie gesagt, mit gesteigerter Leistung und kürzeren Schaltwegen an. Antriebsstrang, Kompressor, Abgassystem und Getriebeübersetzung wurden modi-

2005 den Zwischenspurt von 80 auf 120 km/h im vierten Gang in 6,1 Sekunden, im fünften Gang in 7,7 Sekunden. Bei dem überarbeiteten Dreiwellen-Getriebe ist der erste Gang um 12, der zweite Gang um 8, der dritte bis fünfte Gang um 4 bis 6 Prozent kürzer übersetzt als beim Cooper S der ersten Generation. Der sechste Gang ist untersetzt, um das Drehzahlniveau und den Verbrauch auf langen Strecken zu senken.

fiziert.
Dank der sieben Mehr-PS ermöglicht der Kompressor-Motor seitdem eine Höchstgeschwindigkeit von 222 km/h; der Sprint auf 100 km/h verbesserte sich auf 7,2 Sekunden (Werksangaben). Mit dem weiterhin serienmäßigen Sechsgang-Schaltgetriebe absolviert der Cooper S ab 2 0 0 4 /

*Oben:
die auf passive
Sicherheit ausge-
legte Aufbau-
struktur des
Cooper
S.*

Agilität und direktes Handling sind zwei der großen Stärken, die alle Mini-Modelle gemein haben. Der Cooper S ist durch das Sportfahrwerk „plus" noch leichtfüßiger, spurstabiler und sicherer auf kurvenreichen, verwinkelten Landstraßen oder auf langen, schnellen Autobahnpassagen unterwegs. Gegenüber dem Cooper hat das S-Modell verstärkte Stabilisatoren und eine straffere Federabstimmung. Die Fahrwerkstechnik ist im Prinzip gleich: McPherson-Federbeine vorne und Mehrlenkerachse mit Spezial-Federbeinen hinten. Neben ABS, EBD und CBC (s. Mini One) hat der Cooper S ab Werk die abschaltbare Traktions-kon-

Großes Bild links: Schnittzeichnung des Cooper S von 2001/2002 mit allen Fahrwerks- und Antriebselementen. Rechts: Der Innenraum des S-Modells bietet vier Personen bequem

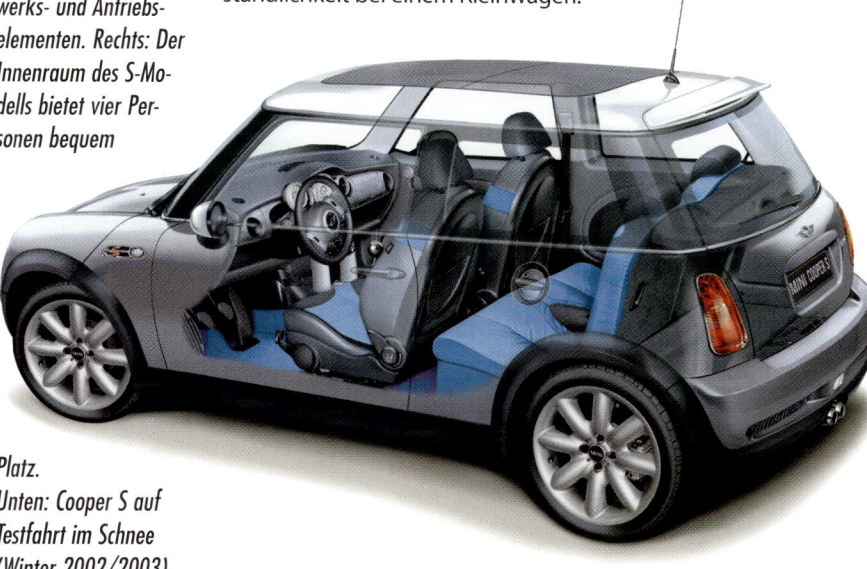

Platz.
Unten: Cooper S auf Testfahrt im Schnee (Winter 2002/2003).

trolle ASC+T. Gegen Aufpreis kann zusätzlich die elektronische Stabilitätskontrolle DSC geordert werden.

Passend zum Sportfahrwerk sind serienmäßig 16-Zoll-Leichtmetallräder mit Reifen der Dimension 195/55 R16 montiert. Wahlweise gibt's Pneus der Dimension 205/45 auf speziellen 17-Zoll-LM-Speichenrädern. Serie sind die bereits beim Modell One beschriebe-

nen Runflat-Reifen mit Notlaufeigenschaften. Die Starterbatterie im Heck ist mit einer pyrotechnischen Sicherheitsklemme versehen, die bei einem heftigen Aufprall die Stromzufuhr unterbricht.

Die Charakteristik des S-Fahrwerks definiert klar die Zeitschrift „automobil TESTS" (Heft 8/2004): „Besonders das Plus-Fahrwerk des Cooper S macht mit Komfortansprüchen kurzen Prozeß. Ganz klar: Bei ihm hat sichere Straßenlage bei hohen Autobahn- und Kurvengeschwindigkeiten Priorität. Das ist auch gut so. Schließlich rennt der Cooper S mit 163 PS 218, die facegeliftete Version mit 170 PS gar 222 km/h. Bei diesem Tempo liegt der S wie ein Brett. Und er scheint da sogar noch Reserven zu haben. Gewiß keine Selbstverständlichkeit bei einem Kleinwagen."

Linke
Spalte von oben:
Kompressor mit Ladeluftkühler
des Cooper; Ohc-16-Ventil-Kompressor-Motor in der ersten Ausführung von
2001 mit 163 PS; das Sechsgang-Getriebe. Rechte Spalte oben: Motorraum
des Facelift-Modells vom Mai 2004 mit 170 PS und verbessertem Kompressor.
Darunter: 163-PS-Pentagon-Motor mit G-Kat Erstserie 2001 bis Mitte 2004.

Bereits rein äußerlich zeigt der Cooper S, daß er der Kraftzwerg unter den Minis ist. Auf den Seitengrills und am Schriftzug auf der Heckklappe prangt das einer Kurvenpassage nachempfundene, geschwungene „S". Der martialische Lufteinlaß auf der wegen des sperrigen Ladeluftkühlers insgesamt um 40 mm höheren Motorhaube dient der Kühlung der Ladeluft zwischen Kompressor und Motor. Typisch Cooper S sind auch die besonderen Front- und Heckstoßfänger in Wagenfarbe, die integrierten Wabengrills, die schwarzen Seitenschweller, die Radlaufverkleidungen, die beiden verchromten Auspuffendrohre mittig am Heck, die verchromte Tankklappe, die beiden verchromten Seitengrills mit

Oben: Bandablauf eines fabrikneuen Cooper S im Werk Oxford Ende 2001. Links: das facegeliftete Modell mit Klarglas-Xenon-Scheinwerfern im Mai 2004. Die Zuladung ist mit 430 kg bemerkenswert hoch, doch faßt der Kofferraum nur rund 150 Liter. Bei umgeklappter Rücksitzbank sind's immerhin 670 Liter.

dem integriertem „S", die weißen seitlichen Blinkleuchten sowie der Dachspoiler, der den Abtrieb an der Hinterachse steigert.

Die Griffleiste der Heckklappe ist - wie die Streben des Kühlergrills - in Wagenfarbe gehalten. Dach und Außenspiegel sind weiß oder schwarz lackiert. Das Dach kann auf Wunsch ohne Aufpreis auch in Wagenfarbe geordert werden. Insgesamt wird der Mini Cooper S in acht Außenfarben ausgeliefert, von denen zwei speziell für das Topmodell kreiert wurden: „Electric Blue metallic" und „Dark Silver metallic".

Anläßlich des runden Geburtstags der Legende Mini Cooper S offerierte BMW eine Dachfahne mit der Aufschrift „40th Anniversary 1963-2003 Mini Cooper S". Sie kostete zusammen mit passenden Spiegelgehäusen im Union-Jack-Design 211 Euro extra.

Durch die speziell für den Mini Cooper S entwickelten, Mitte 2004 leicht modifizierten Stoßfänger ergibt sich vorne ein um 25, hinten ein um 4,0 mm größerer Karosserieüberhang als beim Mini Cooper. Die Gesamtlänge nimmt dadurch - bei identischem Radstand - um 29 mm auf 3655 Millimeter zu. Durch die geringfügig größeren 16-Zoll-Räder ist der Mini Cooper S mit 1416 mm Gesamthöhe im Vergleich zum Mini Cooper um 8,0 mm höher.

Links oben: Sonderlackierung „40 Jahre Cooper S" 9/2003. Unten links: Serien-Cockpit 2002; daneben: Spezial-Cockpit mit Navigationsgerät.

Exklusiv auf „S" getrimmt ist auch der Innenraum: Einstiegsleisten aus Aluminium mit Schriftzug „Mini Cooper S", Oberflächen der Armaturentafel und der inneren Türrahmen im Alu-Look, äußere Türverkleidungen in den Farben „Pantherschwarz" und „Magnesium", schwarze oder blaue Bodenteppi-

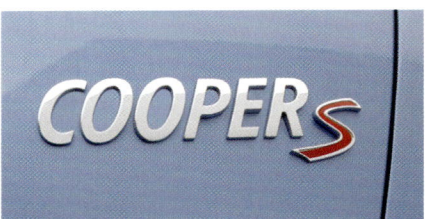

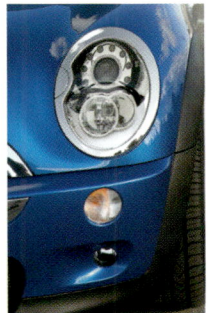

che sowie passende Polsterstoffe für die serienmäßigen Sportsitze. Optional werden Sitze in Stoff-Lederkombinationen oder Voll-Leder angeboten. Das Lederlenkrad, der mit Leder überzogene Schaltknauf des Sechsganggetriebes sowie die Fußstütze aus Edelstahl unterstreichen die Hochwertigkeit.

Alle Bilder auf dieser Seite: Mini Cooper S der zweiten Generation ab Mai 2004. Optik und Fahrdynamik haben noch gewonnen. Unten links: Cockpit mit neuem Dreispeichen-Lenkrad und „Chrono-Pack". Mitte: Xenon-Scheinwerfer.

Offene Versuchung:
MINI CABRIO

Von Anfang an gehörte nicht viel Phantasie dazu, sich den Mini auch in einer offenen Version vorzustellen. Die Gerüchte, daß es in absehbarer Zeit ein Mini Cabrio geben würde, verdichteten sich Anfang 2003 so sehr, daß sich Hersteller BMW zu einer in der Branche ungewöhnlichen Vorausmitteilung gezwungen sah. Im Rahmen der Hauptversammlung am 15. Mai 2003 kündigte Dr. Helmut Panke, Vorstandsvorsitzender

Ein äußerst attraktives Auto mit geringem Wertverlust ist das im Mai 2004 vorgestellte Mini Cooper Cabrio. S. 50: Cooper S 2002.

der BMW AG konkret an, daß die Mini-Familie um ein Cabrio erweitert werden würde. „Die Marke ‚MINI' ist eine wichtige Säule unserer Premiummarken-Strategie, in die wir weiter investieren. Ich kann Ihnen daher bestätigen, dass wir das ‚MINI' Produktprogramm in der Tat um ein viersitziges Cabrio erweitern werden und neue Kunden im Segment der offenen Kleinwagen erobern wollen", erklärte Panke. Einen genauen Termin nannte der BMW-Chef damals noch nicht. Im Mai 2004 war es dann aber so weit: Das Mini Cabrio feierte seine Premiere - und wurde von Presse wie Publikum sofort enthusiastisch begrüßt.

Selbst sonst recht kritische Tester fanden an dem Auto nur wenig auszusetzen. Im Juni 2004 zog Klaus Westrup in „auto, motor und sport" das Fazit: „Im Gegensatz zu den meisten anderen modernen Cabrios hat der Mini einen für den Offen-Genuß nicht zu unterschätzenden Vorteil. Die Frontscheibe steht schön steil im Wind, und das bleibt nicht ohne angenehme Effekte. Das Offen-Gefühl wird dadurch weit intensiver als bei anderen Jetztzeit-Cabrios, fast wie früher. Die einströmenden Winde sind allerdings selbst bei geschlossenen Seitenscheiben eher von der wilden Sorte."

Auf den deutschen Markt kam das Mini Cabrio ab Juli 2004 zunächst in der Cooper-Version mit 115 PS für glatte 20.000 Euro. Die S-Version mit 170 PS für 24.000 Euro folgte im August. Nebenbei wurde ein preiswerteres 90-PS-Basis-Modell angeboten. Von BMW (Sparte Mini) als „vollwertiger

Im Test wurde dem Mini Cabrio (im Bild die Cooper-Version mit 115 PS vom Mai 2004) guter Federungskomfort, geschmeidiges Abrollen und hohe Karosserie-Stabilität bescheinigt; nur auf schlechten Straßen zittern die Armaturen leicht. Weniger gut: der Aufpreis von 470 Euro für den Lebensretter ESP („DSC").

Viersitzer" apostrophiert, war das Mini Cabrio aber doch eher von Philosophie und Zuschnitt her als sportlicher Zweisitzer mit zwei akzeptabel bequemen Zusatzsitzen im Fond geraten. Wie bei der geschlossenen Cooper-Version sorgt auch beim Cabrio der 1,6 Liter-Vierzylinder-Motor mit einer obenliegenden Nockenwelle, aber vier Ventilen pro Zylinder für ordentliche Fahrleistungen. Die Höchstleistung von 115 PS (85 kW) erreicht der offene Cooper bei 6000/min, das maximale Drehmoment von 150 Nm bei 4500/min und ist damit

Bild oben: Cockpit des Cooper Cabrio 2004 mit Chrono-Pack und Dreispeichen-Lenkrad.

klar drehzahlorientiert. Übertragen wird die Kraft wie bei der Cooper-Limousine per Fünfgang-Getriebe und Halbwellen auf die Vorderräder. „auto, motor und sport" ermittelte beim Cooper Cabrio für die Beschleunigung bis 100 km/h einen Wert von 10,7 Sekunden und damit deutlich mehr als nach Werksangabe (9,8 s). Beim Zwischenspurt von 80 auf 120 km/h im vierten Gang vergingen 14,1 statt der versprochenen 11,6 Sekunden, was nicht gerade für Durchzugsstärke sprach. Bei der Höchstgeschwindigkeit waren Meß- und Werkswert mit 193 km/h allerdings identisch. Als theoretische Größe erwies sich der angegebene Durchschnittsverbrauch von 7,3 Litern Superbenzin auf 100 Kilometer nach EU; der Testverbrauch war mit 9,2 l/100 km/h wesentlich

höher. Bei Dauervollgas schossen im Test über zwölf Liter durch die Einspritzdüsen. Andererseits verlangen Cabrio-Fahrer ihren Fahrzeugen nur selten die Höchstleistung ab. Und bei vernünftiger Fahrweise begnügt sich der Ohc-Vierzylinder durchaus mit sieben bis

Markant sind die beiden aus einer harten Alu-Legierung hergestellten Überrollbügel. Die 17-Zoll-Fünfstern-LM-Räder kosten extra.

acht Liter Super auf 100 km. Das 170 PS starke Cooper S Cabrio rennt bei voll durchgetretenem Pedal 215 km/h.

Clou ist natürlich das elektrisch betätigte Stoffdach, das sich harmonisch in die Linie einfügt und das Cabrio selbst bei geschlossenem Verdeck gestreckter als die Limousine erscheinen läßt. Eine Besonderheit, „die sonst niemand hat" (Westrup), ist die zusätzliche Schiebedachfunktion des Ver-

innovative Funktion kann im Stand, aber auch während der Fahrt bis Tempo 120 betätigt werden.

Zum vollständigen Öffnen des Verdecks muß sich die „Hut"-Ablage in der unteren der beiden Positionen befinden. Ist dies nicht der Fall, verhindert eine elektrische Schaltung Fehlbedienungen und schützt Gegenstände im Kofferraum vor möglichen Beschädigungen. Ansonsten läuft alles vollautomatisch-elektrohydraulisch, ohne vorheriges manuelles Entriegeln und innerhalb von nur 15 Sekunden. Während das Faltdach nach hinten gleitet, werden die Dachholme automatisch eingezogen und gleichzeitig die beiden hinteren Seitenscheiben vollständig versenkt. Das Verdeck wird schließlich in drei Lagen gefaltet („Z-Faltung") und

decks. Über einen Tippschalter am vorderen Dachrahmen kann zunächst ein integriertes Schiebedach, dann das komplette Verdeck geöffnet werden. Das Dach bewegt sich beim Öffnen auf den ersten 40 Zentimetern horizontal sowie auf der ganzen Breite nach hinten und läßt sich so wie ein Schiebedach stufenlos öffnen. Die seitlichen Längsholme bleiben dabei mit den A-Säulen verbunden. Diese wirklich

170 PS leistet der Motor des Cooper S Cabrio (Mai 2004). Geschlossen sind 215 km/h möglich. Serie sind 16-Zoll-Räder.

hinter den Fondsitzen abgelegt, was natürlich den Platz für die Mitfahrer einschränkt und das ohnehin knappe Ladevolumens von 165 auf 120 Liter reduziert. Den wahren Fan wird das aber kaum stören. Auch läßt sich der Laderaum durch Umklappen der geteilten und gegen den Kofferraum abschließbaren Rücksitzlehne auf bis zu 605 Liter vergrößern. Praktisch: Eine Persenning ist nicht nötig, da sich der vordere Teil des Verdecks mit der Außenseite nach oben schützend über das Stoffdach legt, das in drei Farben angeboten wird und eine beheizbare Glas-Heckscheibe besitzt.

Ab Werk ist das Cabrio am Heck zudem mit der elektronischen Einparkhilfe „Park Distance Control" (PDC) ausgerüstet. Ein pfiffiges Detail ist das „Easy-Load-System": Dadurch, daß

Alle Bilder: Cooper Cabrio Sommer 2004. Farbenfrohes Interieur, verstärkte Karosserie und raffinierte Verdeckbetätigung machen den offenen Mini besonders wertvoll.

sich das hintere Verdeckteil in geschlossenem Zustand um circa 35 Grad nach oben klappen läßt und die Heckklappe nach unten schwenkt, entsteht eine ausreichend große und gut zugängliche Ladeöffnung.

In geöffneten Zustand wird die Klappe von zwei Stahlkabeln mit abfederndem Retraktor-System gehalten. Dadurch kann sie mit den außen liegenden Schar-

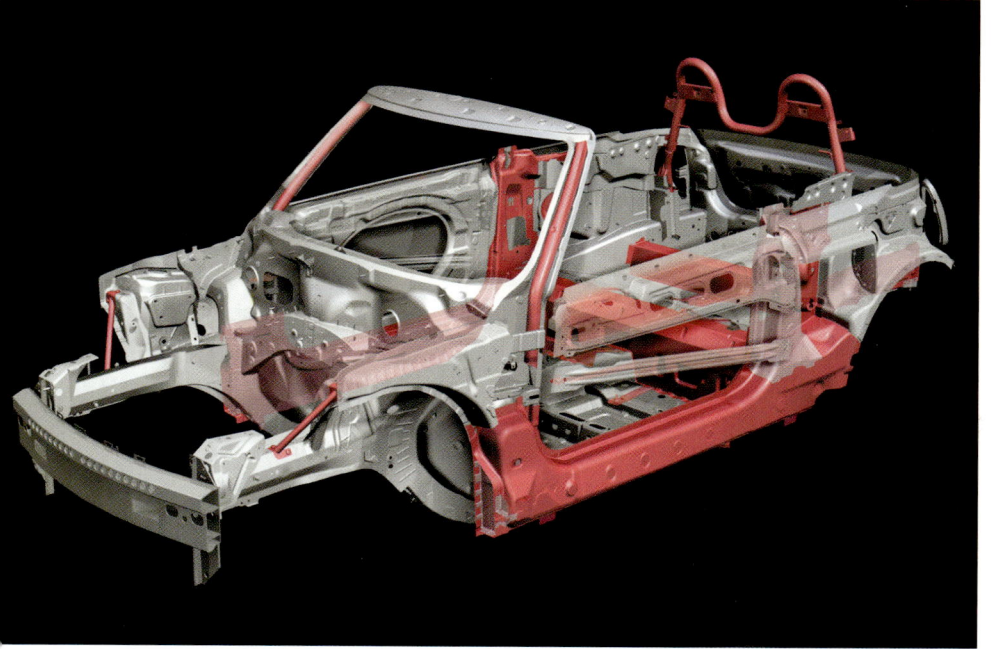

Die Schnittzeichnung zeigt den elektrisch betriebenen Verdeck-Mechanismus. Steife Karosseriestruktur, ein aufwendiges Airbag-System und Überrollbügel sorgen für Sicherheit. Unten: die praktische Ladebordwand.

nieren als praktische Ladebordwand genutzt und mit bis zu 80 Kilogramm belastet werden. In geschlossenem Zustand stellen die in Wagenfarbe lackierten Scharniere eine Reminiszenz an die Tage der ersten Minis dar. Entriegelt wird das elektrische Kofferraumschloß mit einem Taster, der im Griff sitzt. Die Zentralverriegelung mit Fernbedienung im Schlüssel öffnet und schließt je nach Programmierung die Türen, die Heckklappe, den Tankdeckel sowie als Komfortfunktion das Verdeck und die Fenster aus bis zu 15 Metern Entfernung.

Ab Werk steht das Mini Cooper Cabrio auf 15 Zoll-Leichtmetallrädern. Das Cooper S Cabrio rollt auf 16-Zoll-LM-Rädern mit Reifen 195/55 R 16. Auf Wunsch gibt es spezielle 16- oder 17-Zoll-LM-Räder. Ein typisches Merkmal sind die Überrollbügel aus hochfestem Aluminiumrohr; sie wurden so eingebaut, daß im Kofferraum bei umgeklappten Rücksitzen die volle Durchlademöglichkeit erhalten bleibt. Mit einem Leergewicht von 1175/1240 kg („ams"-Meßwert eines Cooper Cabrio mit Vollausstattung: 1254 kg) bringt die offene Variante im Vergleich zur Limousine gut 100 kg mehr auf die Waage. Ein gut ausgestattetes Mini Cabrio kann so nur rund 320 kg zuladen. Das Mehrgewicht ist auf die Verdeck-Konstruktion und die verstärkte Karosseriestruktur zurückzuführen.

Dank der steifen Karosseriestruktur und der effizienten Rückhaltesysteme, die serienmäßig unter anderem zwei Frontairbags und zwei sitzintegrierte Kopf-Thorax-Seitenairbags umfassen, erfüllt das Mini Cooper Cabrio die weltweit strengsten gesetzlichen Crashvorschriften. Durch zahlreiche konstruktive Maßnahmen wie die Erhöhung der Blechstärke an den Seitenschwellern sowie die Integration zusätzlicher Schott- und Versteifungsbleche wurde die Torsionssteifigkeit deutlich erhöht. Außerdem wird dadurch bei einem Frontalaufprall das Einknicken der Türschweller verhindert. In der verstärkten Bodengruppe wurden zusätzliche Versteifungen angebracht. All diese Maßnahmen sorgen auch beim seitlichen Aufprall für bestmöglichen Insassenschutz.

Als Hauptabsatzmärkte für das Mini Cabrio nennt die BMW Group die USA, Großbritannien, Deutschland, Italien und Spanien. Im Sommer 2004 erschien als erste Version das Cooper Cabrio mit 115 PS (Bild). Zur Ausstattung gehören Reifenpannenanzeige, Servolenkung und viele elektrische wie elektronische Helfer. Ab Ende 2004 gibt es das Cabrio auch mit CVT-Getriebeautomatik.

Bei einem Überschlag übernimmt die A-Säule, in die ein Rohr aus höchstfestem Stahl integriert ist, eine tragende Rolle. Im Fond schützt der doppelte Überrollbügel mit integrierten Kopfstützen die Fahrgäste.

Vier Scheibenbremsen, Vier-Sensoren-ABS, elektronische Bremskraftverteilung (EBD) und die „Cornering Brake Control" (CBC) garantieren auch in extremen Situationen Fahrstabilität und Spurtreue beim Bremsen (Automatische Stabilitäts- und Traktionskontrolle „ASC+T" und Dynamische Stabilitätskontrolle „DSC" aber nur gegen Aufpreis). Fazit von „auto, motor und sport" bei aller Relativierung: „Eines der kleinsten Cabrios auf dem Markt ist gleichzeitig auch eines der erfreulichsten. BMW hat ein erstaunlich kultiviertes Cabrio auf die Räder gestellt."

Polizei, Flughafen, Kino:
MINIS FÜR ALLE FÄLLE

Autos im Film: Das hat eine lange Tradition. Schon in den 20er Jahren wußte vor allem die amerikanische Autoindustrie, wie werbewirksam es war, wenn bestimmte Modelle zusammen mit Stars und Sternchen, Schurken und Gutmenschen, Abenteurern und Desperados gekonnt in Szene gesetzt und auf der Kinoleinwand präsentiert wurden. Europa zog nach dem Krieg nach. Citroën 11 CV und DS 21 wurden als „Gangsterwagen" in französischen Streifen mit Jean Gabin oder Alain Delon berühmt; VW konnte sich über weltweite PR durch „Herbie", den verrückten Käfer, freuen; James Bond schüttelte seine Verfolger im raketenbestückten Aston Martin

Als Filmstar gab der Mini Cooper S sein Debüt im US-Streifen „The Italian Job", der im November 2003 in die Kinos kam. Die BMW Group hatte insgesamt 32 Autos zur Verfügung gestellt.

DB 4 oder Lotos Esprit Turbo ab, später im BMW 7er, im Z3 und im Z8. Da lag es auf der Hand, daß BMW als Hersteller des neuen Mini die Tradition fortsetzte und das Auto im Rahmen eines von langer Hand vorbereiteten „Product placement"vor die Kamera rollen ließ.

Den ersten Kontakt zur „Traumfabrik" Hollywood stellte das internationale Mini-Marketingteam Anfang 2002 her. Ergebnis: Der Mini bekam als Unter-

satz von Hauptdarsteller Mike Meyers eine führende, bzw. fahrende Rolle im dritten Teil der „Austin Powers"-Spionage-komödie mit dem Titel „Goldmember". Insgesamt stellte die BMW Group dem Hollywood Studio „New Line Cinema" für die Dreharbeiten sechs rote Mini Cooper zur Verfügung, die dann in „Austin Powers"-Spionagefahrzeuge verwandelt wurden. Seine Premiere hatte der Film am 26. Juli 2002 - zeitgleich in den USA und in Großbritannien.

High Tech, Verrat und Verfolgungsjagden: der Mini im Film

Nächster Kinoeinsatz für den Mini war ab 13. November 2003 der Streifen „Italian Job - Jagd auf Millionen" mit Mark Wahlberg, Edward Norton, Charlize Theron, Jason Statham, Seth Green, Mos Def und Donald Sutherland. Obwohl das Publikum auf der Leinwand nur drei Mini Cooper S sah, hatte die BMW Group den Paramount Studios insgesamt 32 Fahrzeuge für die Dreharbeiten zur Verfügung gestellt.

Spektakuläre Verfolgungsjagden sind das Salz in der Suppe des Streifens, bei dem es um den Raub von Goldbarren, um Verrat und High Tech geht. Unter anderem wird das komplizierte Verkehrsleitsystem von Los Angeles angezapft. Die Verfolger manipulieren so die Ampeln und lösen damit ein Verkehrschaos aus. Regisseur F. Gary Gray schaffte es, für die Dreharbeiten den Hollywood Boulevard auf der Länge von zwei Häuserblocks sperren zu lassen, genau dort, wo sich das Mann's Chinese Theater, das Kodak Theater und das El Capitan Theater befinden. „Wir hatten diese Straßen wortwörtlich eine Woche lang unter unserer Kontrolle, und das heißt schon was", sagte Produzent Donald De Line. „Wir hatten 300 Autos und mehrere gepanzerte Transportwagen auf

Die Bilder zeigen den zum „Follow-me-car" umgebauten Mini Cooper, der im September 2001 auf verschiedenen deutschen Flughäfen für eine Menge Aufsehen sorgte. Mit der Spezial-Leuchteinheit auf dem Dach und dem gelb-schwarzen Karomuster sah das Auto spektakulär aus.

dem Gelände, Hubschrauber flogen in atemberaubender Tiefe und auf den Sternen des ,Walk of Fame' in Hollywood fuhren Motorräder und Minis herum."

Bei den raffinierten Stunt-Sequenzen vollführten die Minis spektakuläre Sprünge und entkamen dabei dem „Kugelhagel" sowie zahlreichen Zusammenstößen nur knapp. Die Schauspieler fuhren im Mini sogar durch den Eingang der Metro Rail am Hollywood Boulevard die Treppen hinunter bis in die U-Bahn-Station hinein.

Als Follow-me-car auf dem Flugplatz

Um den Mini bekannt zu machen, ließ und läßt sich die BMW Group auch ansonsten noch eine Menge einfallen. So wurde am 7. September 2001 ein speziell hergerichtetes und charakteri-

Links: Mini Cooper S bei einer der atemberaubenden Verfolgungsjagden im Film „The Italian Job" (November 2003). Unten: Mini Cooper als „Spionageauto" in „Goldmember" (Juli 2002).

stisch in gelben und schwarzen Karos lackiertes Exemplar des Mini Cooper auf dem Flughafen Düsseldorf vorübergehend als Follow-me-Fahrzeug eingesetzt. Dabei zeigte das kleine Auto den Piloten der großen Jets, wo es auf dem Rollfeld langging. Die Seh-Leute auf den Terrassen registrierten's mit Begeisterung. Auch auf anderen deutschen Flughäfen, zum Beispiel München, Berlin und Frankfurt erregte der Follow-me-Mini Aufsehen.

Damit nicht genug: Das mit rotem Blinklicht ausgerüstete Sondermodell war anschließend auch als Miniatur-Variante in den Maßstäben 1:18 und 1:43 zu haben. Darüber hinaus wurde eine ganze Kollektion von Mini-Model-

Seit Juli 2002 in München im Polizeieinsatz: Mini One mit 90 PS in unverwechselbarem Outfit. In den 60ern machte BMW mit dem „Barockengel" 501 alias „Funkstreife Isar 12" im Fernsehen PR.

len aufgelegt und im Internet unter „www.mini-shop.com" sowie bei den Mini-Händlern angeboten. Von Anfang an hat das Mini-Marketing auf diese Weise die Produkt-Käufer-Bindung verstärkt, was im übrigen auch durch den Verkauf einer umfassenden Palette von Lifestyle-Produkten aller Art rund um den Mini funktioniert. Selbst die Verkaufsräume sind in Design und Ausstattung speziell auf die anspruchsvolle Mini-Klientel abgestimmt.

Polizei-Mini als Referenz an „Isar 12"

Auf besonders einprägsame und nachdrückliche Art werbewirksam ist seit jeher der Einsatz bestimmter Automodelle bei Polizei und Feuerwehr. Unvergessen ist der Fernseh-Auftritt einer BMW-Sechszylinder-Limousine in der Polizei-Serie „Funkstreife Isar 12", die in den 60er Jahren der Straßenfeger im deutschen TV-Vorabendprogramm schlechthin war. Zwischen 1961 und 1963 erreichten die Schauspieler Karl Tischlinger und Wilmut Borell mit ihrem BMW-„Barockengel" den Bekanntheitsgrad von späteren Serienhelden wie „Derrick". Charakteristisch für die zwanzigminütigen Folgen war der urbayerische Charme der beiden Polizisten (der Fahrer war indes Berliner...) und die sachliche Darstellung ohne billige Effekte. Heute hat die 25teilige Schwarzweiß-Serie längst Kult-Status erreicht.

Im Juli 2002 nahm ein Polizei-Mini die Tradition wieder auf - als Dauerleihgabe der BMW Group für repräsentative Zwecke in der Presse- und Öffentlichkeitsarbeit bei Veranstaltungen, Messen und Ausstellungen der bayerischen Polizeipräsidien, aber auch als Einsatzwagen für die Polizeibeamten der Pressestelle. Bei dem Wagen handelte es sich um ein Unikat auf Basis des Mini One mit 90 PS und rund 180 km/h Höchstgeschwindigkeit, das speziell für den Polizeieinsatz modifiziert und präpariert worden war: grünweiße Lackierung, Blaulicht, Signal-, Lautsprecher-, Funk- und Telefonanlage. Der Durchbruch des Mini als reguläres Polizeiauto

Oben: Die Showrooms, in denen die Mini-Vertragshändler Fahrzeuge, Zubehör und Lifestyle-Produkte anbieten, sind bis ins letzte Detail durchgestylt. Unten: der von der italienischen Mode-Designerin Angela Missoni bemalte Cooper beim „Life Ball" 2003.

für Einsätze aller Art steht indes noch aus. Bei den übrigen Modellen der BMW Group ist das anders: Seit Jahrzehnten fährt die Münchner Polizei BMW, im normalen Leben, aber auch in Fernsehserien wie „Derrick" oder „Siska".

Kunstobjekt im Missoni-Design und Werbegag am Zug

Auch als Kunstobjekt steht der Mini immer wieder mal im Blickpunkt. So wurde zum Beispiel im Juni 2003 ein von der italienischen Mode-Designerin Angela Missoni bemalter und im Rahmen einer Wiener Modenschau präsentierter Cooper zugunsten der Aids-Hilfs-Organisation „Life Ball" versteigert - via Internet. Den Zuschlag erhielt ein Unternehmensberater aus München; das Einzelstück war ihm 33.050 Euro wert.

Die Markteinführung des Mini Cooper S wurde 2002 von einer Werbeaktion mit der Deutschen Bahn begleitet. Dazu waren die Loks von zehn Inter-City- und EuroCity-Zügen mit Mini-Motiven bemalt worden. Optisch entstand dabei der Eindruck, daß der Mini die Waggons zog. Nach der Jungfernfahrt am 15. Juni ab Hamburg Altona über Hannover, Göttingen, Frankfurt, Heidelberg nach Karlsruhe rollten die Mini-Loks bis Mitte September auf verschiedenen Strecken durch Deutschland. Der Werbeeffekt war enorm: Millionen Bahnfahrer staunten über den Gag.

Spiel ohne Grenzen: „Mission Mini"

„Mission Mini" war 2002 ein international ausgerichtetes „Event", das mit dem Gegensatz von Fiktion und Realität spielte. Eine Detektiv-Story des Autors Val McDermid, zunächst ohne Lösung, fand am „Mission Mini"-Tatort Barcelona ihre Fortsetzung in der Wirklichkeit. Vom 7. bis 11. November 2002 versuchten 84 über Qualifications-Camps ermittelte Amateur-Agenten aus 17 Ländern in der spanischen Stadt, das Rätsel der - fiktiv - verschwundenen Collagen von „Peter Halley" zu lösen. Der Witz war, daß die Spieler durch ihre

Oben: Im November 2001 wurde in Oxford, dem Standort der Mini-Produktion, eine Diesel-Lokomotive auf den Namen „Mini - Pride of Oxford" getauft; links Werksleiter Dr. Herbert Diess, rechts der Parlamentarier Andrew Smith.
Rechts und unten: Ab Juni 2002 rollten in Deutschland Züge der Bahn mit dem Conterfei des damals brandneuen Mini Cooper S.

Mini Special

Aktionen den Ausgang der Verbrecherjagd tatsächlich bestimmten - Fiktion wurde Realität.

Der unvollendete Krimi war vorab weltweit als Taschenbuchbeilage in 23 Lifestyle-Magazinen erschienen. Allein in Deutschland bewarben sich damals fast 4000 junge Leute im Internet und per Postkarte. Weltweit gingen insgesamt 24.000 Bewerbungen ein. Zu den Grundanforderungen gehörten gute Englisch-Kenntnisse.

Alle Bilder auf dieser Doppelseite: Szenen des Krimi-Spiels „Mission Mini", an dem im November 2002 84 junge Leute aus 17 Ländern teilnahmen.

Alle „Mission"-Minis trugen auf dem Dach die Flaggen der jeweiligen Länder und waren mit einem nachrüstbaren, Pocket-PC-gestützten Kit für mobile Navigation, Information und Kommunikation ausgerüstet. In Barcelona sorgten während der insgesamt 14 Vorbereitungs- und Event-Tage über 250 Menschen dafür, daß alles funktionierte. Neben den 21 Mini Cooper S der Agenten-Teams standen während der „Ermittlungen" 100 weitere Minis in Barcelona bereit. Sie dienten als Ersatz-, Journalisten-, Stunt- und Crew-Fahrzeuge. 35 professionelle Film-, TV- und Theaterschauspielern standen an den Originalschauplätzen des Romans für Zeugenbefragungen bereit. Insgesamt wurden 44 Wohnungen, Läden und Büros gemietet und an die Romanschauplätze angepaßt.

CleanEnergy-Mini mit Wasserstoffmotor

Ein wesentlich ernsthafterer Beitrag zum Thema Special-Mini war der auf der IAA 2001 gezeigte Technologieträger Mini Cooper „Hydrogen" mit wasserstoffbetriebenem Verbrennungsmotor ohne CO_2-Emissionen. Die in der Studie untergebrachte Technik sollte zeigen, wie weit die Entwicklung des reinrassigen Wasserstoffantriebs fort-

Dieser Mini mit Wasserstoff-Motor wurde auf der IAA 2001 in Frankfurt gezeigt. Sollte die zukunftsgerichtete Antriebstechnik eines Tages vom Markt verlangt werden, ist die BMW Group gut gerüstet.

schreiten könnte. Der auf dem normalen Serientriebwerk basierende, „monovalente" Vierzylindermotor arbeitete mit „kryogener" Gemischbildung, womit die Einspritzung von flüssigem, tiefkaltem Wasserstoff in die Ansaugkanäle gemeint war. (Bei anderen Wasserstoff-Motoren - wie beispielsweise dem „bivalenten" Achtzylinder des ebenfalls auf der IAA vorgestellten BMW 745h, der sowohl H_2-, als auch Benzinbetrieb ermöglichte - wird der Wasserstoff erst auf Umgebungstemperatur gebracht und dann eingespritzt.) Die kryogene Gemischbildung beim H_2-Mini dagegen verbesserte Motorleistung und Wirkungsgrad, und auch hinsichtlich des Verbrauchs konnte der Mini-H_2-Motor mit modernsten BMW-Benzinern gleichziehen.

High tech waren auch Tank und Kraftstoffsystem. Erstmals wurde platzsparend ein Wasserstoff-Formtank unter den Fondsitzen eingebaut. Zuvor gab es für die Speicherung von flüssigem Wasserstoff nur zylindrische, speziell isolierte und hochdruckfeste Tanks. So nahm die Wasserstoff-Versorgung in dem modifizierten Mini bei gleicher Kapazität nicht mehr Platz ein als eine konventionelle Benzin-Infrastruktur; weder Passagier- noch Gepäckraum wurden beeinträchtigt. BMW ist von der Zukunftstauglichkeit des Konzepts überzeugt: „Die Umsetzung der CleanEnergy-Strategie auch in den kleineren Baureihen wird maßgeblich den Erfolg von Wasserstoff-Fahrzeugen am Markt bestimmen."

Auf dem Weg zum Ziel:
STUDIEN, VORLÄUFER

Von Anfang an regte der Mini die Phantasie und Kreativität von Designern, Tunern und Konstrukteuren an. Schon in den frühen 60er Jahren entstanden Renn- und Sport-Coupés mit Mini-Technik, ganz zu schweigen von Jux-Umbauten mit Schwimmwagentechnik oder offenen Varianten wie dem Mini Moke, der ursprünglich für Militärzwecke entwickelt worden war, dann aber als Strand- und Spaßwagen Karriere machte (s. a. Kapitel „Mini-Historie" ab S. 107).

Mit dem 76 PS starken Vierzylinder des Mini 1275 war zum Beispiel der Mini Marcos GT von 1965 ausgerüstet. Das winzige, zweitürige Coupé, das von der seit 1959 existieren-

Mitte der 90er Jahre faßte die BMW Group den Entschluß, einen neuen Mini zu entwikkeln. 1997 wurde grünes Licht für das Projekt gegeben. Das Foto zeigt einen Mini-Prototyp ca. 1999 bei der Kälteerprobung.

den britischen Sportwagen-Manufaktur Marcos Car Ltd. auf die Räder gestellt worden war, entsprach ebenfalls - bis auf den verlängerten Radstand - vom Fahrwerk her dem Mini von BMC. Es ging in die Motorsportgeschichte ein, weil es als einziges englisches Fahrzeug das 24-Stunden-Rennen von Le Mans 1966 beenden konnte. Marcos bot auch eine Version mit dem 850-cm³-Mini-Motor an (Fotos s. S. 72).

1964: Martini-Coupé mit Mini-Technik

Aufsehen erregte, zumindest auf deutschen Rennstrecken, auch der von dem Eifeler Tuner Willi Martini 1964 konstruierte und unter anderem beim 500-km-Rennen auf dem Nürburgring eingesetzte Martini-ACS (ACS = Austin Cooper S). Das mit Kunststoff-Karosserie und einem auf ca. 75 PS gebrachten Cooper S-Vierzylinder ausgerüstete Fahrzeug (Foto S. 72) litt allerdings an Fahrwerksschwächen und landete bereits nach 15 Runden in den Hecken am „Adenauer Forst". Für 1965 wurde das Auto wieder aufgebaut und optisch stark modifiziert. Der letzte Einsatz beim 1000-Kilometer-Rennen 1966 endete indes mit einem Debakel. Nachdem der Martini-ACS Mk II in der siebten Runde mit Motorschaden liegengeblieben war, krachte der Abarth 1300 OT des ehemaligen Borgward-Piloten Fritz Jüttner in den abgestellten Wagen und zerstörte ihn völlig.

Mit MGF-Technik: Studie ACV 30 1997

Als Reminiszenz an die Rallye-Erfolge des Mini Cooper in den 60er Jahren präsentierte die Rover Group im Januar 1997 und damit genau 30 Jahre nach dem letzten Gesamtsieg eines Mini bei der Rallye Monte Carlo (s. a. „Mini History" ab S. 107) eine „MINI ACV 30" genannte Designstudie, die Elemente des klassischen und künftigen Mini-Konzepts vereinte. Trapezförmiger Kühlergrill, Rundscheinwerfer, Knopfblinker, Mitteltacho, lackiertes Armaturenbrett und geringe Überhänge bei breiter Spur und langem Radstand erinnerten stark an den Classic-Mini.

Andererseits klang schon die Zukunft an - vor allem mit der rundlichen, massiv wirkenden Dachform, den großen Rädern, der relativ steil stehenden Windschutzscheibe und der scheinbar pfostenlosen Rundumverglasung. Speziell waren die weit ausgeschnittenen Türeinzüge am Dach, der Versatz der Scheinwerfer nach innen und die ausgestellten Kotflügel, an die beim New

Als Hommage an den letzten Monte-Carlo-Sieg des Ur-Mini wurde 1997 und damit 30 Jahre später die gemeinsam von BMW und Rover entwickelte Studie ACV 30 vorgestellt. Das Fahrwerk und der quer hinter den Sitzen eingebaute Dohc-Motor stammten vom Roadster MGF.

Mini der Serie ab 2001 immerhin noch die Kunststoff-Verbreiterungen erinnern. Die rote Lackierung und die beiden weißen Cooper-Streifen auf der Fronthaube waren eine Hommage an den Rallye-Sieger von 1967.

Technisch war der ACV 30 allerdings alles andere als ein Mini. Er war als wettbewerbstaugliches Mittelmotor-Coupé ausgelegt und besaß die Plattform und die Antriebstechnik des Roadsters MGF mit 120 PS starkem, hinter den beiden Schalensitzen eingebauten 1,8-Liter-Dohc-Vierzylindermotor. Die Kraft wurde dementsprechend nicht minitypisch auf die Vorderräder, sondern - rallyetechnisch wesentlich besser - auf die Hinterräder übertragen.

Entworfen worden war die aufregende und vom Publikum überschwenglich begrüßte Studie nicht nur von der Rover Group, sondern auch von der Designabteilung der BMW AG, die 1997 bereits seit drei Jahren bei Rover das Sagen hatte. Der damalige, von BMW eingesetzte Chief Executi-

In wichtigen Details nahm der ACV 30 die Linie des künftigen New Mini vorweg: Rundscheinwerfer, gedrungene Form, scheinbar rahmenlose Verglasung, Mitteltachometer. Der Innenraum war kompromißlos auf Sport getrimmt.

ve President der Rover Group, Dr. Walter Hasselkus, stellte einerseits klar, daß die vom MGF übernommene Auslegung keinerlei Bedeutung für „die weitere Entwicklung des Mini-Nachfolgers" habe, ließ andererseits genau mit dieser Bemerkung aber die Katze aus dem Sack: Es würde in absehbarer Zeit einen neuen Mini geben. Im Juni 1998 bestätigte BMW offiziell die Pläne und gab bekannt, daß man den „New Mini" weltweit über ausgewählte BMW-Händler vertreiben würde.

Eher kurios - und von BMW argwöhnisch beäugt - war, daß die unter BMW-Flagge segelnde Rover Group nur zwei Monate später, auf dem Genfer Salon im März 1997, zwei völlig anders geartete, im wesentlichen von englischen Vorstellungen getragene Beiträge zum Mini der Zukunft zeigte: den dreitürigen „Spiritual" und den fünftürigen „Spiritual Too". Den Spagat zwischen dem BMW-beeinflußten Konzept vom

Januar und den eher rundlich-biederen Rover-Studien führte Rover Deutschland mit der Formulierung aus: „Im Gegensatz zu der vor wenigen Wochen gezeigten Studie ACV 30, die sehr sportlich ausgerichtet war und sich als Neuinterpretation des legendären Mini Cooper verstand, will der Spiritual vor allem den alltäglichen Anforderungen der Zukunft genügen - kompromißlos modern und für die Ansprüche von jungen Familien im nächsten Jahrtausend gemacht."

Die beiden Konzept-Cars, deren Design sich heute ansatzweise in japanischen und koreanischen Kleinwagen widerspiegelt, aber in keiner Weise im New Mini, waren nach Microvan-Art

Oben: Martini Austin Cooper S im 500-km-Rennen 1964 auf dem Nürburgring. Mitte: Mini Marcos GT mit 1,3-Liter-Motor 1966. Unten: der von Rover als Mini-Nachfolger gedachte Spiritual von 1997.

72

hoch gebaut und boten entsprechend viel Kopffreiheit. Der Dreitürer war bei einer Gesamtlänge von nur 3,10 m cityfreundlich und mit einem Wendekreis von 9,0 m recht handlich. Anstelle konventioneller Federbeine kümmerten sich vier an die Mini-Tradition gemahnende Hydragas-Elemente um den Fahrkomfort. Beim Antrieb zeigten sich Parallelen zum Smart, wie er auf der IAA im September 1997 von Daimler-Chrysler erstmals gezeigt wurde: Im Heck unter der Rücksitzbank saß ein besonders flach bauender, flüssigkeitsgekühlter Dreizylindermotor, der seine 60 PS auf die Hinterräder übertrug, was natürlich eine radikale Abkehr vom ursprünglichen Mini-Konzept war. Bei einem Leergewicht von rund 700 kg sollte der mit zwei Türen und Heckklappe ausgerüstete „Spiritual" beim Beschleunigen aus dem Stand die 100 km/h Marke schon nach 13 Sekunden erreichen und im Drittelmix nur 3,0 Liter Benzin auf 100 km verbrauchen.

Der „Spiritual Too" war die fünftürige Langversion des Konzepts und bot bei einer Gesamtlänge von 3,5 m deutliche mehr Platz im Innenraum. Um das um 200 auf 900 kg gestiegene Gewicht zu kompensieren, übernahm eine Vierzylinderversion des Flachmotors den Antrieb. Anders als der spätere New Mini der BMW Group war das Spiritual-Konzept in erster Linie auf

Oben: BMW-Hybrid-Studie E1/II 1993. Mitte: Konzept-Car „Spiritual Too" von Rover mit fünf Türen und Heckmotor 1997. Unten: Studie Z13 von BMW aus dem Jahr 1993 mit Vierzylinder-Heck-Mittelmotor aus dem Motorradbau.

eine umwelt- und kostenbewußte Klientel hin ausgerichtet. Der beim aktuellen Mini so groß geschriebene Spaß- und Lifestyle-Faktor spielte praktisch keine Rolle. Ob das eigenwillige und hinsichtlich der Fahrstabilität problematische Heckmotor-Konzept letztlich Erfolg gehabt hätte, darf bezweifelt werden. BMW lehnte das Ganze glatt ab.

Die Mini-Mobile der 50er und 60er Jahre von BMW sind Legende: Isetta 250 und 300 (1955 bis 1962, 12 bzw. 13 PS, 85 km/h, zusammen 161.728 Exemplare), BMW 600 (1957 bis 1959, 19,5 PS, 100 km/h, 34.813 Exemplare), in gewissem Sinne auch die erfolgreiche, von 1959 bis 1965 produzierte BMW 700-Familie (Versionen Limousine, Coupé, LS, Cabriolet, Sport, 30 bis 40 PS, 120 bis 135 km/h, zusammen 188.121 Exemplare). Indem die Münchner ein- und zweizylindrige, luftgekühlte Motorradmotoren in Kompaktmobile und Kleinwagen setzten, versuchten sie, auch im Massenmarkt Fuß zu fassen, was in bestimmten Grenzen auch gelang.

1993: Dreisitzer Z13 und Hybrid-Studie E1/II von BMW

Erstmals wieder aufgegriffen wurde die Idee Anfang der 90er Jahre. Auf dem Genfer Salon im März 1993 präsentierte BMW mit der fahrfertigen Studie Z13 eine moderne und umweltorientierte, im Detail recht unkonventionelle Interpretation des Themas Kleinwagen. Der Z13 war eine dreisitzige Limousine mit Vierzylinder Heck-„Mittel"-Motor, die mit einer Gesamtlänge von nur 3,44 m kürzer war als der 30 Jahre zuvor gebaute BMW 700. Lenkrad und Fahrersitz waren mittig angeordnet, hinten hatten bequem zwei Passagiere Platz.

Die Eigenwilligkeit des Designs mit einer Front im Minivan-Stil, steil abfallendem Heck und kurzen Überhängen nahm Dinge vorweg, wie sie später beim Smart, aber auch beim Mini realisiert wurden. Die Karosserie bestand aus Leichtmetall und begrenzte das

BMW 600
der neue Stil im Kleinwagenbau

600 ccm, 19,5 PS, laufruhiger Zweizylinder-Viertakt-Motor, 4-Gang-Synchrongetriebe, Raum für vier Personen und Gepäck

Der Kleinwagenbau hat große Tradition bei BMW (heute BMW Group und Mini-Produzent). Oben: BMW 700 Cabrio von ca. 1964. Mitte: BMW Isetta in der Erstversion von 1955 mit 250 cm³. Unten: BMW 600 1959 mit Motorrad-Boxermotor.

Wagengewicht auf 830 kg. Für eine Spitze von 180 km/h sorgte der quer im Heck angeordnete, flüssiggekühlte, per G-Kat entgiftete und mit einer CVT-Automatik gekoppelte Dohc-Vierzylindermotor der Motorradmodelle K 1100 RS und LT mit 1100 cm³ Hubraum und auf 85 PS herabgesetzter Leistung. Auch in diesem Punkt ließ die BMW-Tradition grüßen.

Der nächste Vorstoß Richtung Kleinwagen folgte im September 1993 und damit schon ein halbes Jahr später auf der IAA in Frankfurt mit der Vorstellung

Oben: Mini-Design-Team 2001 mit Cooper; rechts: Leiter Gert Hildebrand. Mi. links: Tonmodell um 1998; dan.: Design-Team BMW Group mit Kleinwagen-Modell 9/2002 - v. l.: Achim Wurm, Christopher Bangle, Dr. Burkhard Göschel, Sebastian Morgenstern. Unten: Cooper-Vorserie 3/2000.

der zweiten E1-Studie, die besonders konsequent und ebenso wie der erste E1 von 1991 auf Umweltverträglichkeit getrimmt worden war. Während der erste E1 ein reines Elektromobil war, besaß der zweite E1 von 1993 das, wonach heute die Käufer in vielen Ländern Schlange stehen: eine fortschrittliche Hybrid-Antriebstechnik mit einem Verbund aus Elektro- und Verbrennungsmotor. Toyota kann heute gar nicht so viele „Prius" liefern, wie vor allem Amerikaner und Deutsche habe wollen.

Nebenbei waren vom E1/II auch Versionen nur mit Benzinmotor (K-Vierzylinder 82 PS, Vorderradantrieb) sowie mit reinem E-Antrieb (45 PS, Hinterradantrieb) entwickelt worden. Vom Konzept mit vier vollwertigen Sitzen und vom rundlichen, durchaus markanten

Wie alle Typen der BMW Group mußte sich auch der Mini in der bis 2000 reichenden Entwicklungsphase ausgiebigen Härtetests unterziehen. Oben: Mini Vorserienmodell bei der Hitzeerprobung in Amerika. Links: Kälteerprobung in Skandinavien.

Design her trug der E1/II bereits Gene in sich, die einige Jahre später bei der Realisierung des New Mini in Großserie zum Tragen kommen sollten.

Die sich aufdrängende Frage, ob BMW mit E1 und Z13 den Vorstoß ins Kleinwagensegment vorzubereiten gedenke, beantwortete der damalige Entwicklungsvorstand Dr. Wolfgang Reitzle sibyllinisch: „Wir werden über unsere traditionellen Baureihen hinaus die Angebotsvielfalt als ein wesentliches Element unserer Modellpolitik pflegen." Was der stets weit vorausschauende Ingenieur Reitzle damit meinte, wurde mit dem Start des Mini im Jahr 2001 und erst recht mit der Präsentation der 1er Reihe 2004 dem letzten Zweifler klar.

Mit Oxford-Abschluß:
MINI-PRODUKTION

Traditioneller Standort der Mini-Produktion war seit 1969 Birmingham gewesen. Nach der Übernahme von Rover durch BMW wurde klar, daß für die Großserienherstellung des neuen Mini modernste Voraussetzungen geschaffen werden mußten - räumlich und anlagentechnisch. Im März 2000 entschied die BMW Group, den Mini künftig in Oxford zu fertigen.

Doch das dortige Rover-Werk war - 87 Jahre nach der Herstellung des ersten Kraftfahrzeugs in Oxford durch William

Moderne Kunst: basislackierte Mini-Rohkarosse in der Infrarot-Vortrockenkammer. Jahres-Produktions-Kapazität in Oxford 2004: 190.000 Autos.

Morris - in weiten Teilen völlig veraltet. Ab 1959 war die Morris-Version des Mini, der Mini Minor, hier produziert worden, während die Austin-Version in Longbridge bei Birmingham gefertigt wurde. Vom Mini wurden auch Riley- und Wolseley-Modelle verkauft, ehe die Modell- und Markenpolitik rationalisiert und der Mini eine eigenständige Marke wurde. Von 1959 bis 1968 wurden in Oxford 602.817 Minis hergestellt. Der größte Ausstoß wurde 1966/67 mit 94.898 Fahrzeugen erreicht.

Zwar hatte BMW in Oxford bereits Mitte der 90er Jahre direkt nach der Rover-Übernahme für 280 Millionen Pfund (rund 400 Mio. DM) ein erstes Investitionsprogramm durchgezogen

(neue Lackiererei, umfangreiche Veränderungen im Karossenrohbau und in der Montage). Doch das war nur die Grundlage gewesen.

Verschärft wurde die Situation dadurch, daß bis zum Anlauf der Vorproduktion nur neun, bis zum Beginn der Serienproduktion 13 Monate verblieben, wenn das geplante Datum des Vertriebsbeginns in Großbritannien, der 7. Juli 2001, gehalten werden sollte. Innerhalb dieser extrem kurzen Zeit mußte die Produktion des Rover 75 nach Birmingham verlagert werden. Und in Oxford waren Investitionen von 230 Millionen Pfund (damals rund 700 Mio. DM) erforderlich, um zeitgemäße Fertigungsvoraussetzungen zu schaffen. Das bedeutete Streß für die 2500 Worker in Oxford sowie die deutschen Kollegen aus dem BMW-Werk Regensburg, die das Ganze anschieben und durchziehen mußten.

Doch das Wagnis gelang: Planmässig konnte im Januar 2001 die Mini-Fertigungslinie in Betrieb genommen werden, der Serienanlauf war am 26. April.

Oben links: Fixierung des Ladeluftkühlers am Kompressormotor des Mini Cooper S im November 2001. Oben rechts: Scheinwerfereinbau beim Cooper S, der montagefreundlich in einer Schwenkvorrichtung hängt. Rechts: Schon am 30. Mai 2002 lief der 100.000ste Mini in Oxford vom Band, hier in Gestalt eines Cooper S. Am Wagen: Managing Director Dr. Herbert Diess.

Als eine der weltweit modernsten Produktionsanlagen für Automobile war Oxford in der Lage, zunächst 100.000 Minis pro Jahr herzustellen. 2003 liefen deutlich mehr Fahrzeuge vom

Band: 174.366. Am 25. August 2004 wurde bereits der 500.000ste Mini ausgeliefert. Damit die Möglichkeiten ausgeschöpft werden konnten, hatten auch die englischen Gewerkschaften mitgespielt und flexiblen Arbeitsverträgen zugestimmt, die bei Bedarf eine Sieben-Tage-Arbeitswoche für 2500 Mitarbeiter zuließen und eine zweite Schicht mit weiteren 1800 Arbeitskräften erlaubten. Als Werkleiter wurde BMW-Mann Dr. Herbert Diess eingesetzt.

Sämtliche Abläufe im Werk basieren auf dem computergestützten BMW-Informations- und Qualitätssicherungssystem KISS („Kernfertigungsintegrierendes Steuerungs-System"), das die Kommunikation im Produktionsprozeß vollständig automatisiert und eine elektronische Dokumentation für jedes Fahrzeug anlegt. Von KISS wird die gesamte Produktion von der Rohkarosse bis zur Endmontage geplant und sichergestellt, daß jedes Fahrzeug den hohen Qualitätsstandards der BMW Group gerecht wird. Alle Fahrzeuge sind mit einem Barcode versehen und werden

Oben: Außenansicht des Werks Oxford Mai 2001. Unten: die supermoderne Schleifkabine.

auf jeder Stufe der Produktion eingescannt. Das sichert die Einhaltung der individuellen Fahrzeugspezifikationen wie auch der Qualitätsziele und ermöglicht die Erfassung von Informationen ohne Einsatz von papiergebundenen Medien. Die früher benutzten Formulare aller Art entfallen dadurch weitestgehend.

Herz der Mini-Produktion in Oxford ist der Karossenrohbau, in dem auf 40.000 m² Hallenfläche der Mini-Aufbau im Rahmen eines vollautomatisierten Produktionsprozesses aus hochfestem Stahl gefertigt wird. Die Mini Rohkarossen-Fertigung läuft weitgehend automatisiert mit Hilfe von 229 Industrierobotern ab. So erfolgt zum Beispiel das Punktschweißen zu 100 Prozent automatisiert.

Die Grundlage der Mini-Rohkarosse bildet ein stabiler Rahmen, an dem zunächst die Front- und Heckpartie, die Bodengruppe und die Seitenstrukturen montiert werden, gefolgt von Dach, Türen und Motorhaube. Die lasergeschweißten Stahlpreßteile setzen sich aus Rohmaterial unterschiedlicher Stärken zusammen. Die fertige Rohkarosse wird anschließend über ein Transport-

system mit Karossenspeicher in die Lackiererei weitergeleitet. Dort werden in einem mehrstufigen Prozeß Schutzversiegelungen und wasserbasierte Lackfarben aufgetragen. Die Lackiererei wurde 1996/97 in Oxford nach modernsten verfahrenstechnischen und ökologischen Standards errichtet. Das Bauvorhaben war in der Phase seiner Errichtung das zweitgrößte in Großbritannien - nach dem Millennium Dome.

Mini-Kunden können aus einer Vielzahl unterschiedlicher Farben wählen. Beim Cooper haben sie darüber hinaus die Möglichkeit, das Dach schwarz oder weiß lackieren zu lassen. Diese Farbvariantenvielfalt wird durch Spezialverfahren zum

Oben: Vor dem Anbau der Baugruppen werden die lackierten Karosserien poliert. Die Mini-Rohkarosse zeigt eine gewisse Ähnlichkeit mit dem MGB der 60er Jahre. Unten links: Einbau des Motors in den Mini Cooper S (2002); daneben: Montage Auspuffanlage Cooper S.

schnellen Farbenwechsel ermöglicht; jedes einzelne Exemplar kann exakt in der vom Kunden angegebenen Farbkombination lackiert werden.

Die Rohkarosserie wird zunächst gründlich gesäubert und zinkphosphatiert. Dann wird die erste Lackschicht appliziert - durch Eintauchen der Rohkarosse in einen großen Lackbehälter bei gleichzeitiger Zuführung von Gleichstrom. Zinkphosphatierung und Elektrophorese sind von entscheidender Bedeutung für den Korrosionsschutz. Nach einer Trocknungsphase folgen

Nahtabdichtung, das Auftragen des Unterbodenschutzes und die Geräuschdämmung. Der Füller wird elektrostatisch auf alle sichtbaren Innen- und Außenflächen aufgetragen. Das Aushärten des Füllers im Wärmeofen schließt diese Lackierphase ab.

Dann erfolgt eine weitere Säuberung der Karosse, bevor die mehrstufige Applikation der farbgebenden Schicht beginnt. Der Lackauftrag erfolgt hier teils manuell, teils automatisch per Spritzverfahren. Der Zwei-Komponenten-Klar-Schutzlack bildet den Abschluß des Lackierprozesses. Als weiterer Korrosionsschutz wird abschließend Schutzwachs in die Hohlräume der Karosse eingebracht. Der gesamte Lackierprozeß dauert rund 10 Stunden.

Die lackierten Karossen gelangen schließlich zu einem oberhalb der

Endmontagelinien befindlichen Reihenlager. Dort werden zunächst die Türen ausgebaut. Sie passieren in einem Zwischengeschoß ihre eigene Linie, auf der die Verkleidungen angebracht werden. 2415 unterschiedliche Teile werden insgesamt montiert.

In der Haupthalle werden die Fahrzeug-Karossen auf Transportschlitten abgesenkt, die eine bewegliche Montagelinie bilden. Auf allen Montage-Stufen wird der Barcode von KISS gelesen. Zwischen diesem System und der Produktionssteuerung besteht eine Onli-

Oben: vollautomatischer Einbau des Antriebsstrangs in die Karosserie (sogenannte „Hochzeit"; 7/2001). Unten: Applikation des Basislacks - links elektrostatisch, rechts manuell; auch hier fällt die optische Verwandtschaft mit dem klassischen MGB ins Auge.

ne-Verbindung. Statt der früher üblichen Fahrzeugbegleitkarte hat jedes Fahrzeug einen Transponder für sofortige Identifikation und Verfolgbarkeit. Sämtliche Werkzeuge in der Mini-Montage werden elektrisch angetrieben. Die Abkehr vom Einsatz traditioneller Druckluftwerkzeuge - die anderswo noch weitgehend üblich ist - läßt eine größere Genauigkeit in der Drehmomenteinstellung zu und senkt den Lärm.

Alle Arbeitsabläufe laufen nach neuesten ergonomischen Erkenntnissen ab. Für schwierige Aufgaben wie Schiebedach-Montage oder Einbau des Abgassystems stehen Unterstützungswerkzeuge bereit. Auch die Fahrzeughöhe auf der

sowie vordere und hintere Radaufhängung montiert. Danach erfolgt - von unten - der automatische Einbau des Antriebsstrangs in das Fahrzeug (sogenannte „Hochzeit").

Wie in allen BMW-Werken gilt auch in Oxford die Devise, den Mini möglichst umweltfreundlich herzustellen. Zwar ist die Automobilproduktion ein äußerst energie-, material- und arbeitsintensiver Prozeß. Doch durch eine Kombination aus modernen Technologien und intelligentem Wirtschaften lassen sich ökonomische und ökologische Vorteile gleichermaßen erreichen.

So werden in der supermodernen Lackiererei nur wasserbasierte Lacke eingesetzt. Während in einer konventionellen Lackiererei nur etwa 20 bis 30 Prozent des Lacks an der Fahrzeug-Karosse haften bleiben, wird mit Hilfe der hier eingesetzten Verfahren (z. B. Tauchlackierung im Gleichstromverfahren) ein wesentlich effizienterer und ressourcenschonenderer Materialauftrag erreicht (Haftung bis zu 90 Prozent). Die beim Aushärten entstehenden Abluftströme werden gesammelt und in einem permanent überwachten Katalyseofen mit maximaler Effizienz bei minimalen Emissionen verbrannt.

Das Werk wird durch vier kombinierte Kraft-Wärme-Einheiten mit einer Kapazität von jeweils 800 kW versorgt, die neben Heißwasser auch 3,5 MWh Elektrizität erzeugen - das sind rund 20 Prozent des Gesamtbedarfs des Werks. Der Wasserverbrauch des Standorts wird dadurch minimiert, daß zum Beispiel Spülwasser dreimal wiederverwendet wird und das Wasser in Lackierkabinen durch die bei der Rückgewinnung des Wasserenthärters anfallenden Abwässer aufgefüllt wird, die normalerweise in die Kanalisation abgeleitet würden. Letztlich wurde der Bauteilezufluß per Lkw von Zulieferern zum Werk und werksintern so organisiert, daß keine unnötigen Kilometer gefahren werden müssen. Etwa die Hälfte der rund 200 Lieferanten sind in Großbritannien ansässig. Rund 45 Prozent der Teile werden Just-in-Time angeliefert.

Montagelinie ist variierbar. Bei Montagen am Unterboden kann das Fahrzeug über eine Schwenkvorrichtung auf Hüfthöhe um bis zu 90 Grad gedreht werden. Der Einbau der Fahrzeug-Scheiben erfolgt in einer vollautomatischen Anlagenstation.

Das Cockpit mit der Instrumententafel umfaßt als komplexe Baugruppe die komplette Verkleidung mit Lenkrad, Lenksäule, Instrumenten und Schaltern sowie Heizung und Kabelbaum und wird als vormontierte Einheit in das Fahrzeug eingebaut. Das Cockpit wird von einem Zulieferer direkt an den betreffenden Einbaupunkt an der Montagelinie Just-in-Time geliefert. Der Lieferant erhält erst sechs Stunden im voraus die Daten für die jeweils benötigten Cockpits.

In einem weiträumigen Montagebereich findet der Einbau des Antriebsstrangs statt. Hier erfolgt die Bestückung der Fahrzeuge mit Motoren entsprechend der Modellausführung. In mehreren Linien werden Kupplung, Getriebe

Frei programmierbare Roboter schweißen die Mini-Karosserie zusammen (technischer Begriff: „Framing"). Neuartig ist die Zuführung der Räder an die Montagelinie: Die Reifenbeschriftung wird von einer Spezialoptik gelesen, was die richtige Zuordnung garantiert.

Erst die Pflicht, dann die Kür:
TRAINING, TUNING

Seit Juni 2003 können Mini-Fans das Gokart-Feeling des kompakten Kurvenflitzers bei verschiedenen Fahrmanövern risikolos in Reinform erleben - beim „Mini Driver Training". Anmelden kann sich jeder, der einen gültigen Führerschein hat. Anfangs fanden die Kurse nur am Flughafen München statt, seit März 2004 läuft's auch auf dem Hockenheimring sowie auf Plätzen in Berlin und Köln. Geübt wird mit von BMW gestellten Mini Cooper. Obertrainer ist die finnische Rallye-Legende Rauno Aaltonen, u. a. 1967 auf Mini Cooper S Sieger der Rallye Monte Carlo.

Mit dem für BMW-Besitzer schon seit vielen Jahren etablierten und nun auch Mini-Piloten zugänglichen Fahrertraining - das Ein-Tages-Programm kostet 325 Euro pro Person -

Ein Beitrag zur Verbesserung der Fahrkünste junger Leute ist das seit Juni 2003 angebotene, freilich nicht ganz billige „Mini Driver Training". Das Bild zeigt eine Ausweichübung auf dem Gelände in München.

möchte die BMW Group einen weiteren Beitrag zur Steigerung der Sicherheit im Straßenverkehr leisten. Gut so. Denn trotz einer Vielzahl von Assistenz-Systemen in modernen Autos spielt der Fahrer noch immer die zentrale Rolle. Und mit dem Erhalt des Führerscheins sind Neulinge längst nicht umfassend auf alle Gefahrensituationen im Strassenverkehr vorbereitet. Beim BMW- und Mini-Driver-Training lernen die Teilnehmer in Theorie und in verschiedenen Übungen, wie man in extremen und kri-

oder 180 Grad-Wende rückwärts („Agentenwende") die Höhepunkte.

Welche Bedeutung eine entsprechende Fortbildung für Viel- und Berufsfahrer hat, ist auch der Münchner Polizei bewußt. Mit dem von der BMW Group zur Verfügung gestellten Polizei-Mini (s. a. Seite 63 f) nahmen im August 2003 die ersten Polizeibeamten am Training teil. Ein Sprecher:„Als Vorbilder im Straßenverkehr müssen Fahrer von Polizeiautos unter allen Bedingungen und in jedem Geschwindigkeitsbereich die Kontrolle über ihr Fahrzeug behalten - vor allem im Notfall bei der Fahrt mit Blaulicht und Martinshorn."

Olympia: Maxi-Mini mit Pool im Heck

tischen Situationen die Kontrolle behält. Dazu zählen gezielte Notbremsungen, Ausweichmanöver („Notspurwechsel") oder das Kontrollieren eines instabilen Fahrzustandes wie Untersteuern, wobei vermittelt wird, wie wichtig richtige Sitzposition und Lenkradhaltung sind.

Bereits der theoretische Unterricht hat es in sich. Die Instruktoren weisen die Teilnehmer in die Fahrphysik und Kunst der Fahrdynamik ein und geben Antworten auf Fragen wie: Wie lang ist mein Anhalteweg bei einer Vollbremsung aus 30 und aus 50 km/h? Wann und wieso rutscht mein Auto in der Kurve über die Vorderräder? Und wie fange ich mein Auto dann wieder ein? In der Praxis sind dann Slalom auf Zeit

Oben: Auch die Polizei hat's manchmal nötig - das Verbessern der Fahrzeugbeherrschung in kritischen Situationen. Unten: Aquaplaning-Übung mit dem Cooper. Oben rechts: Chefinstruktor war ab 2003 Rallye-Altmeister Rauno Aaltonen.

Für die ganze große Show gemacht war der 6,3 Meter lange Cooper S XXL, der kurz vor der Eröffnung der Olympischen Spiel 2004 in Athen präsentiert wurde und anschließend auf Europa- und Asientournee ging. Basis war ein „Works"-getunter Cooper S, den man in Los Angeles zum Viertürer mit dritter Hinterachse hatte umbauen lassen. Neben den beiden zusätzlichen Rädern war ein abdeckbarer Whirlpool im Heck der absolute Gag. Innen protzte der superlange Mini u. a. mit schwarzem Leder, Flatscreen-TV, DVD-Player, Radio/ CD, Klimaanlage und Schiebedach.

Oben, Mitte rechts, unten: 6,30 Meter lang war der sechsrädrige und viertürige Stretch-Mini Cooper S, der im Rahmen der Olympiade in Athen 2004 Schlagzeilen für Lifestyle-Magazine lieferte. Clou: Der Pool im Heck. Über die Herstellungskosten des in Los Angeles gebauten XXL-Mini schwieg sich die BMW Group aus...

Mitte links: von AC Schnitzer getunter Cooper S Ende 2003. Mit 17-Zoll-Rädern, Breitreifen und auf 193 PS gebrachtem Motor hatte das Auto Wettbewerbsqualitäten.

Beträchtliche Umsätze erzielt die BMW Group mit maßgeschneidertem Mini-Zubehör. Von Anfang an, also gleich ab Sommer 2004, gab es für das Cabrio ein Windschott, das einfach hinter den Vordersitzen befestigt wurde und bei geschlossenem Verdeck nicht demontiert werden mußte. Die Bespannung war entweder in Schwarz oder im Design einer Ziel-Flagge lieferbar. Passend dazu gab's Außenspiegelgehäuse. Ein Aerodynamik-Paket mit speziellen Front- und Heckschürzen ließ das Cabrio bulliger wirken. Ferner zu haben: Zusatz-Fernscheinwerfer und Streifen in Weiß oder Schwarz für die Motorhaube. Neu im Räderprogramm war 2004 das einteilige, sieben Zoll breite Doppelspeichen-LM-Rad R99, das sich mit Reifen in 205/45 R 17 kombinieren ließ.

Exklusive Einzelstücke vom Tuner

Der Mini ließ und läßt natürlich auch die Tuner nicht ruhen. Es würde zu weit gehen, hier alle Möglichkeiten aufzuzeigen. Die ständigem Wechsel unterworfenen Tuning- und Ausrüstungspro-

Oben und links: Cooper Cabrio (August 2004) mit S-Frontschürze und Spezialzubehör im Stil der Minis, die beim Actionstreifen „The Italian Job" die Straßen von Hollywood unsicher machten. Auffällig sind die 17-Zoll-Räder, die weißen Streifen, die Zusatz-Scheinwerfer und das Windschott im Zielflaggen-Design. Rechts: Cooper von AC Schnitzer (Aachen) mit weit öffnendem Faltschiebedach.

gramme werden hinreichend dargestellt von den zahlreichen am Markt befindlichen Fachblättern. Eine herausragende Rolle nimmt aufgrund seiner großen Erfahrung auch im Rennsport der Aachener BMW-Tuner AC Schnitzer ein.

Schnitzer stellte 2002 eine komplette Palette von Nachrüstteilen vor, die vom Doppel-Sportnachschalldämpfer mit zwei verchromten Endrohren über Spezial-Leichtmetallräder 7,5J x 17 mit Reifen 215/40 R 17 und Alu-Pedalerie bis zum ebenso praktischen wie ästhetischen Faltschiebedach (Öffnung 71 x 81 cm) alles enthielt, was sich Fans so wünschen.

Dem Cooper S-Serienaggregat konnten die AC Schnitzer-Ingenieure durch die Optimierung der Kompressorübersetzung bei gleichzeitiger Neuabstimmung des Control Unit Programms zu einem deutlichen Leistungszuwachs verhelfen. Nach der AC Schnitzer-Kur leistete das 1,6-Liter-Triebwerk stattliche 193 PS (142 kW) bei 7000/min und war damit fast so stark wie das Cooper-„Works"-Aggregat.

Aus Spaß an der Leistung:
JOHN COOPER WORKS

Schon bevor der erste Serien-Mini Ende 1959 bei den Händlern stand, existierte - zunächst nur auf dem Zeichentisch - ein leistungsgesteigertes Topmodell. Urheber der Idee: der englische Automobiltuner John Cooper, ein enger Vertrauter des legendären Mini-Konstrukteurs Alec Issigonis. Der Beiname Cooper wirkt sich auch beim neuen Mini äußerst verkaufs- und imagefördernd aus. So verwundert es nicht, daß auch Mike Cooper, der Sohn John Coopers, bereits eine leistungsgesteigerte Version im Kopf hatte, noch bevor das aktuelle Mini-Modell 2001 auf den Markt kam.

Mit professionell getunten New Minis macht Mike Cooper, der Sohn des legendären John, von sich reden; hier zwei Cooper S „John Cooper Works" im Juli 2003, links mit Aerodynamik-Paket.

Parallel zur Serienentwicklung des Mini machte sich Mike Cooper an die Optimierung des serienmäßigen Vierzylinders. Ergebnis waren zwei „John Cooper Works"-Tuning-Versionen der Modelle Cooper und Cooper S. Beide Typen unterscheiden sich durch die gesteigerte Motorleistung und das höhere Drehmoment, aber auch durch eine schärfere Optik von den Basistypen.

John Cooper Works, Challenge

Der „John Cooper Works"-Tuning-Satz für den normalerweise 115 PS starken Mini Cooper beinhaltet unter anderem einen modifizierten Zylinderkopf mit höherer Verdichtung, eine veränderte Motorelektronik, einen speziellen Luftfilter und einen neu konstruierten Endschalldämpfer. Resultat: eine Maximalleistung von 126 PS (93 kW), die bereits bei 5750/min erreicht wird. Das maximale Drehmoment steigt auf 155 Nm bei 4700/min. Die Leistungskur macht den Cooper „John Cooper Works" 204 km/h schnell und läßt ihn in 8,9 Sekunden aus dem Stand auf Tempo 100 beschleunigen. Der Zwischenspurt im vierten Gang von 80 auf 120 km/h wird in nur 10,1 Sekunden absolviert.

Aggressive Fahrmaschine mit 200 PS

163 PS im ersten Cooper S von 2001 genügten Mike Copper einfach nicht. Er baute einen noch leistungsfähigeren und schneller drehenden Kompressor ein und machte das Top-„John Cooper Works"-Modell damit zu einer aggressiven Fahrmaschine. Die Fahrleistungen müssen den Vergleich mit renommierten Sportwagen nicht scheuen: 200 Pferdestärken (147 kW), die bauartbedingt erst bei 6950 Umdrehungen erreicht werden, machen das kompakte Kraftpaket 226 km/h schnell. Das satte Drehmoment von 240 Nm, das bei 4000/min erreicht wird, hat seinen Anteil daran, daß der stärkste Mini in nur 6,7 Sekunden auf Tempo 100 beschleunigen kann. Beeindruckend ist auch das Durchzugsvermögen: Für den Spurt von 80 auf 120 km/h verstreichen nur 5,6 Sekunden.

Für den Einsatz des neuen Kompressors mit höherem Drehzahl- und Ladedruck-Niveau mußte der Zylinderkopf in einigen Details modifiziert werden. Auch die Software für das Motormanagement wurde neu abgestimmt. Ein spezieller Endschalldämpfer sorgt für eine artgerechte Akustik.

Seit April 2003 werden die John Cooper Works-Tuning-Kits für Mini Cooper und Mini Cooper S weltweit

m Juni 2004 startete die Mini Challenge in D mit 30 Works-getunten und 200 PS starken Cooper S (oben, unten: 1. Lauf am 7. 6. 2004 Eurospeedway Lausitz; u. r.: Ex-F 1-Pilot Christian Danner Qualifying 8. Lauf 28. August in Spa). Mitte rechts: Cora Schumacher im Cup-Mini Juni 2004.

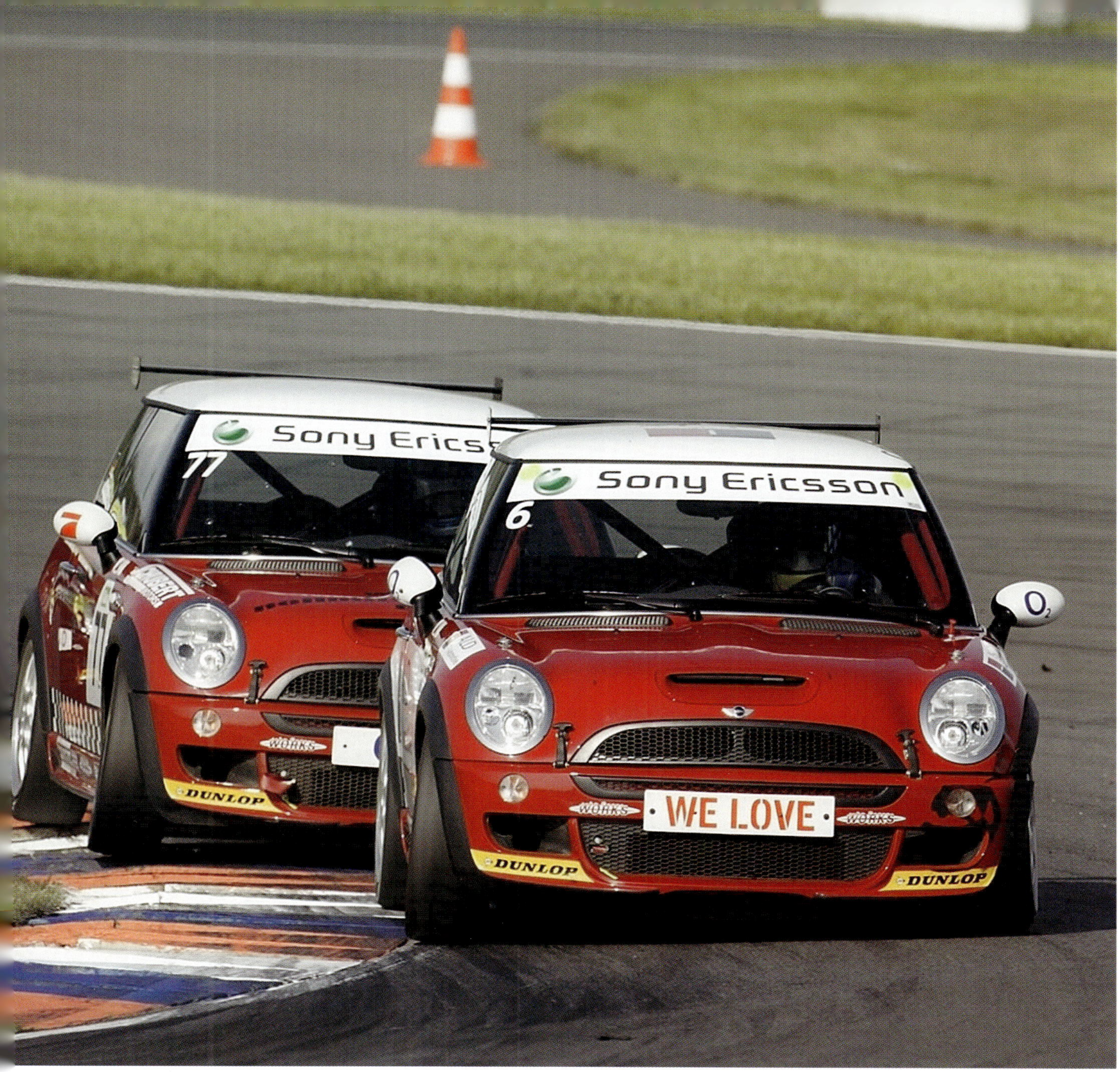
Sony Ericsson
6
77
WE LOVE
DUNLOP
DUNLOP

Sony Ericsson
25
can do.

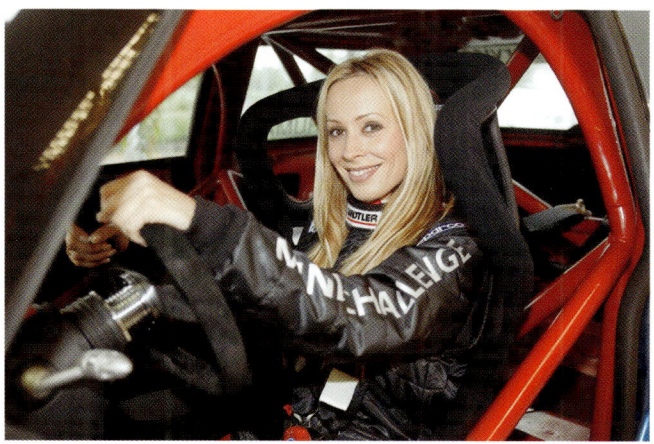

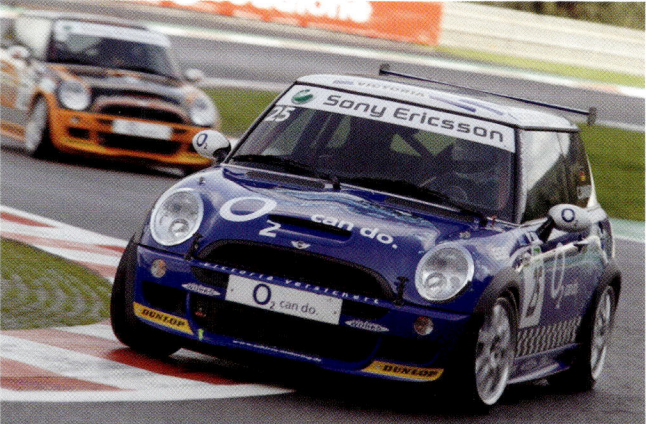

Oben: Cooper S mit JCW-Tuning-Kit, Dachspoiler, Dachbemalung. Links: Works-getunter Cooper S mit Aerodynamikpaket. Beide Fotos: Juli 2003.

über das Mini-Händlernetz vertrieben und installiert. Damit ist sichergestellt, daß die Garantie nicht erlischt. Auch den Service und die Regulierung von Garantieansprüchen liegt in den Händen der Mini-Vertragshändler.

Um den extrem sportlichen Touch der getunten Minis innen wie außen angemessen zu unterstreichen, umfaßt das John Cooper Works-Programm nicht nur passende Sportsitze, sondern auch einen in diesem Segment bislang einzigartigen 18-Zoll-Radsatz. Die Sportsitze verfügen über vergrößerte Seitenführungen, verstärkte Schulterzonen und regulierbare Oberschenkelauflagen, was den Komfort der ansonsten ziemlich kompromißlos abgestimmten Fahrzeuge vor allem auf Langstrecken verbessert. Die Sitze sind in fast allen Serien-Farb- und Polstervarianten erhältlich. Die „Easy-Entry"-Funktion bleibt erhalten. Die auffälligen 18-Zoll-LM-Räder im Fünf-Sternspeichen-Design unterstreichen den sportlichen Charakter. Aufgezogen sind Pneus der Größe 205/40 R 18 mit Runflat-System. Daß der extrem niedrige Reifenquerschnitt das Fahrwerk noch härter macht, muß in Kauf genommen werden.

„John-Cooper-Challenge" als Racing-Cup seit 2003

Mit einer reinrassigen Rennversion setzt Mike Cooper dem Ganzen die Krone auf. In einer eigens kreierten Rennserie, der „John Cooper Challenge" für Nachwuchsfahrer und sonstige Talente, ging der Racing-Mini erstmals 2002 an den Start. Mit dem Verkauf der speziellen Tuning- und Umrüstkits für die Rennwagen hat sich Mike Cooper eine weitere Einnahmequelle sichern können. Aufgrund des enormen Erfolgs der Rennserie 2002 wurde der Cup 2003 an zehn Rennstätten fortgesetzt, unter anderem an so renommierten Orten wie Goodwood oder Silverstone, aber auch außerhalb Englands wie etwa in Belgien oder der Schweiz.

In Deutschland hatte die Mini Challenge im Juni 2004 ihr Debüt. Bei Auftritten im Rahmen der „Deutschen Tourenwagen Masters" (DTM), der Tourenwagen-Europameisterschaft (ETCC), des legendären 24-Stunden-Rennens auf dem Nürburgring und des Formel 1-Rennens im belgischen Spa wurde bis September an sieben Wochenenden vor großer Zu-

Oben: die John Cooper Works in East Preston (GB) mit neuem Cooper S und klassischen Mini Cooper. Unten: Cooper S im Works-Trimm mit Aero-Paket.

schauerkulisse um Punkte gekämpft. Stars, Sternchen und VIP's aus verschiedenen Bereichen, darunter Cora Schumacher, die Ehefrau des damaligen BMW-Williams-F1-Piloten Ralf Schumacher, nahmen neben professionellen Sportfahrern das Lederlenkrad des Renn-Cooper in die Hand.

Jeweils gingen insgesamt 30 Teilnehmerinnen und Teilnehmer mit identischen Fahrzeugen auf die Strecke. Der mittels des „John Cooper Works Tuning Kits" wettbewerbstauglich gemachte und nur 1050 kg schwere Clubsportwagen erreichte mit seinem 200-PS-Kompressor-Motor eine Spitze von knapp 230 km/h. Die Spezialausstattung umfaßte unter anderem einen eingeschweißten Überrollkäfig, eine Cooper-Rennbremsanlage mit Vierkolben-Bremssätteln und 330/259er Scheiben vorn/hinten, ein tieferlegendes und extra straffes KW-Rennfahrwerk, eine einstellbare Domstrebe, eine Rennauspuffanlage für sonore 98 dB(A), Rennschalensitz, einen einstellbaren Heckspoiler, ein 2D-Fahrerdisplay, Aerodynamikpaket, 7-17-Zoll-Verbund-LM-Räder und Slick-, alternativ Regenbereifung 205/620 R 17 von Dunlop.

Das gesamte Challenge-Mini-Basispaket inklusive zweitem Rädersatz, Overall, Teamkleidung, Catering und technischer Betreuung kostete satte 78.880 Euro. Die Saisonkosten beliefen sich bei Vollbetreuung im Team auf zusätzliche 120.000 Euro (Angaben: „Auto Bild Motorsport"). Für einen Sieg gab es einerseits 1500 Euro Prämie,

aber auch als Handicap 30 kg Extragewicht. Insgesamt wurden in einer Saison Preisgelder und Sachpreise im Wert von 400.000 Euro verteilt.

Wie im folgenden Kapitel näher ausgeführt, begann die Geschichte der John Cooper Works nach dem Zweiten Weltkrieg, als der Motorsport-Pionier Charles Cooper, Großvater von Mike, die Cooper Car Company Ltd. gründete, um kleine, konkurrenzfähige Rennwagen auf die Räder zu stellen. Mit dem Cooper 500 entwickelte er ein Fahrzeug, das vielen Sportsfreunden einen einigermaßen erschwinglichen Einstieg in den Rennsport ermöglichte. Einer der ersten Kunden war kein Geringerer als Stirling Moss. Hinter dem Steuer der ersten Formel-2-Wagen von Cooper, damals noch mit Frontmotor, saßen Piloten wie der fünffache Automobil-Weltmeister Juan Manuel Fangio.

Rechts: Mini Cooper S Modell 2003 mit John Cooper Works-Tuning-Kit, völlig ignoriert von Rennkamelen in Dubai. Unten: ein anderer JCW-Cooper S in typisch englischer Küstenlandschaft.

Ende der 50er-Jahre, als noch Privatfahrer unter den Siegern zu finden waren, bot der erste Cooper mit Heckmotor den großen Frontmotorboliden von Ferrari, Maserati oder BRM erfolgreich Paroli. 1958 errang Stirling Moss auf einem Cooper-Heckmotor-GP-Wagen den ersten Sieg in der Formel 1;

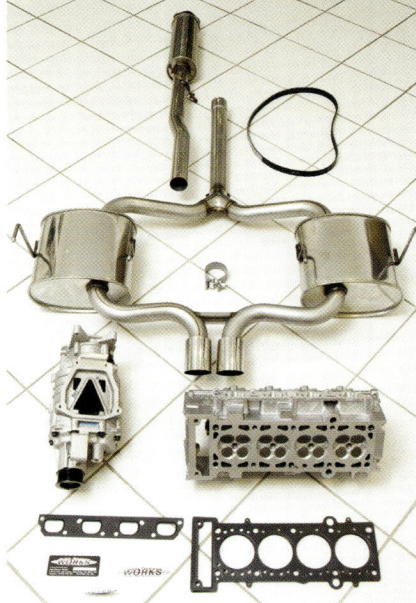

Links oben: Tuning-Kit für den Mini Cooper, gut für 126 (statt 115) PS. Daneben: Tuning-Kit für den Cooper S mit separaten Schalldämpfern; Firmeninhaber Mike Cooper. Links: Motorraum eines von Cooper frisierten Kompressor-Cooper S mit 200 PS. Rechts: Zusammenbau eines Tuning-Zylinderkopfs in den John Cooper Garages. Ganz oben: Logo der „John Cooper Works Club Sport Series" (alle Bilder Dezember 2002).

bekanntlich hat das damals zunächst recht exotische Konstruktionsprinzip heute noch Bestand. 1959 gewann Jack Brabham für Cooper den ersten von zwei Titeln in der Konstrukteurs-WM der Formel 1. John Cooper engagierte sich aber nicht nur im Formel-Rennsport. In den 60er-Jahren entwickelte er den Mini zum Mini Cooper weiter und erzielte mit diesem Auto sowohl auf Rennstrecken als auch auf Rallye-Pisten zahlreiche Erfolge (s. nächstes Kapitel).

Obwohl der Flitzer sehr erfolgreich und populär war, wurde die Produktion des Mini Cooper nach mehr als 150.000 fer-

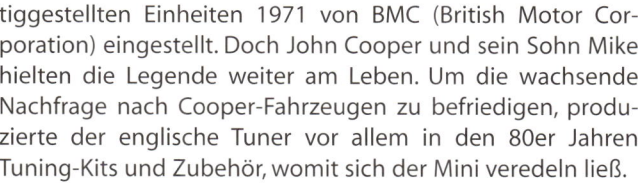

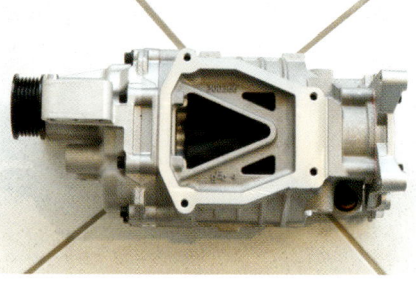

tiggestellten Einheiten 1971 von BMC (British Motor Cor-poration) eingestellt. Doch John Cooper und sein Sohn Mike hielten die Legende weiter am Leben. Um die wachsende Nachfrage nach Cooper-Fahrzeugen zu befriedigen, produzierte der englische Tuner vor allem in den 80er Jahren Tuning-Kits und Zubehör, womit sich der Mini veredeln ließ.

Oben: Siegreicher Challenge-Cooper 2002. Mitte links: Innenraum Challenge-Cooper; daneben: JCW-Sportsitze. Unt.: JCW-Kompressor.

Seit 2002 läuft in England äußerst erfolgreich die „John Cooper Challenge". Die Rennaufnahmen auf dieser Seite zeigen Works-getunte Cooper im Jahr 2003 bei Rennen in Snetterton (oben), Silverstone (unten links), Castle Combs (u. rechts).

Oben: Cooper S im John Cooper Works-Renntrimm
beim 24-Stunden-Rennen auf dem Nüburgring
2003. Links: 200-PS-Challenge-Cooper S 2004;
daneben: Cooper beim Hillclimb Wiscombe 2003.

1990 wurde der Mini Cooper auch offziell wieder reaktiviert, unter der Regie der damaligen Rover Group, die alle Rechte von der BMC übernommen hatte. Um die starke Nachfrage befriedigen zu können, beauftragte Rover den traditionellen Spezialisten mit dem Aufbau der Fahrzeuge - John Cooper. Mit anhaltendem Erfolg und bis zum Ende der Produktion 2000 stellte John Cooper Works im West Sussex für den zwar in die Jahre gekommen, aber nach wie vor äußerst beliebten Klassiker Motor- und Fahrwerks-Tuning-Kits her. John Cooper starb 2000, doch sein Name wird immer mit dem Motorsport verbunden bleiben - und natürlich mit Mini.

Dicht gedrängt kämpfen die Challenge-Cooper bei den Cup-Rennen um Punkte, hier bei Wettbewerben in England (Rockingham, oben; Castle Comb).

Formelsport und Mini-Tuning:
DIE COOPER-STORY

Im Rennsport hatte der Name Cooper Ende der 50er bis Mitte der 60er Jahre einen außerordentlich guten Klang. Cooper stand damals für Spitzentechnik, Zuverlässigkeit und Erfolg. 1959 und 1960 errang der britische Rennstall mit Jack Brabham die Grand-Prix-Fahrer- und (zusammen mit Bruce McLaren und Masten Gregory) die Konstrukteurs-Weltmeisterschaft, holte 1960 (mit Bruce McLaren) und 1966 (mit John Surtees) die Vize-Fahrer-Weltmeisterschaft, belegte 1962 (mit Bruce McLaren und Tony Maggs), 1966 (mit Jochen Rindt und John Surtees) und 1967 (mit Jochen Rindt und Pedro Rodriguez) den 3. Platz in der Konstrukteurs-WM. Erfolge dieser Größenordnung wollten etwas heißen gegenüber der mächtigen Konkurrenz von Ferrari, Maserati, Vanwall und BRM.

Firmengründer Charles Newton Cooper war Anfang der 1930er Jahre Rennmechaniker bei Kaye Don gewesen, Eng-

1961 fand die Genübertragung vom Cooper Formel 3-Monoposto mit 1-Liter-BMC-Motor auf den ersten Mini Cooper statt. Den Sporterfolgen der Cooper-Versionen verdankt der Mini wesentlich sein gutes Image.

lands großem Rekordfahrer auf Sunbeam, zweifacher Weltrekordinhaber auf dem Wasser und Bugatti-Rennpilot. Sohn John, 1923 geboren, trat 1938 in den Betrieb des Vaters ein, kämpfte im Krieg bei der Royal Air Force und fing 1946 in Surbiton (Surrey) an, kleine Heckmotor-Monoposti für die 500-cm³-Formel zu bauen. Der Motor seines ersten Rennwagens („Cooper Type 2") kam von JAP - ein luftgekühlter V-Zweizylinder; die Fahrwerksteile mit querliegenden Blattfedern und Einzelradaufhängung stammten der Legende nach von einem Fiat Topolino.

1948 gründete John Cooper die Cooper Car Company Ltd., und sogleich liefen die Bestellungen ein. Zwölf Exemplare des verbesserten Type 3 mit JAP 500-Motor wurden an Kunden wie George Saunders, John Heath und einen gewissen Stirling Moss verkauft, der damals erst 18 Jahre alt war. Moss gewann auf diesem Auto in seiner ersten Saison 11 von 15 Rennen! Jahr für Jahr überraschten Charles und John Cooper ihre Kunden mit weiterentwickelten Konstruktionen. 1950

1959 und 1960 wurde Cooper mit Jack Brabham Formel 1-Champion, errang (zusätzlich mit Bruce McLaren, Masten Gregory) die Konstrukteurs-WM.

wurde aus der Kategorie 500 die Formel 3, und Cooper gewann 13 von 16 Rennen. Bald riß sich die junge Rennfahrerelite geradezu um die rapiden Einsitzer, die auf Sieg abonniert schienen. Zwischen 1951 und 1954 gewannen Cooper-Fahrer 64 von insgesamt 78 national und international ausgeschrie-

Oben: John Cooper bei einer seiner legendären „Siegesrollen" anläßlich des F 1-Siegs eines seiner Autos (1960). U.: Cooper mit Boxentafel (ca. 1959).

benen Rennen der kleinsten Formel-klasse. Motorrad-Motoren ganz unterschiedlicher Hersteller fanden Verwendung, wobei die Dohc-Singles von Norton sich neben den Zweizylindern von JAP als besonders zuverlässig erwiesen. 1950 siegte Ken Wharton mit einem Cooper erstmals bei einer Rallye.

Der hierfür präparierte Wagen war eine Spezialanfertigung mit einem vorn eingebauten MG-Motor. Mit einem solchen Wagen holte sich Wharton von 1951 bis 1954 viermal hintereinander auch die britische Bergmeisterschaft in der 1100-cm³-Klasse, und mit solchen Autos trat Cooper erstmals in der

Formel 2 und in der Formule libre auf. Die MG-Cooper erhielten mit ihren schmalen Kotflügeln und Scheinwerfern auch eine Straßenzulassung.

1952 brachte Cooper den T 20 mit 2-Liter-Bristol-Motor und 130 PS heraus (Baumuster BMW 328); mit solchen (den anderen Autos um 30 bis 40 PS unterlegenen) Fahrzeugen starteten Mike Hawthorn, Alan Brown und Bob Gerard ihre Karriere. 1953 erschien der T 23 mit leichtem Rohrrahmen und auf 150 PS getuntem Bristol-Motor. 1954 entstand der erste Cooper mit Jaguar-Motor, ein Auto, dem man eine weitaus bessere Straßenlage bescheinigte als dem D-Type Werkswagen.

Ein Meilenstein war der 1955 vorgestellte, jetzt wieder als Heckmotorwagen konzipierte Cooper T 39 mit 1,1-Liter-Triebwerk der auf Rennmotoren spezialisierten Firma Coventry-Climax. Jack Brabham stieg mit einem Cooper T 40, der einen Bristol-Sechszylinder mit zwei Litern Hubraum besaß, zunächst in die Formel 2 ein. Erst ab 1957 wurde mit 1,5-Liter-Wagen gefahren. Die Formel 2 war in jenen Jahren bei den Zuschauern ebenso populär wie die große F 1-2,5-Liter-Klasse. 1959 gab es sogar einige Cooper mit Borgward-Isabella-Motor, siegreich eingesetzt von der „British

Business. Zwar gehörte die ganze Leidenschaft von Charles und John Cooper dem Rennsport, und es gab genügend Teams sowie Privatfahrer, die den Betrieb mit Aufträgen versahen und für Umsatz sorgten. Die Cooper Garage Ltd. durfte sich mit vollem Recht als Großbritanniens erste Firma bezeichnen, die nach dem Krieg einen professionell aufgezogenen Rennwagenbau betrieb. Aber das Tagesgeschäft waren Reparaturen an ganz normalen Alltagsautos.

Die Betriebseinrichtungen in Surbiton waren mehr als bescheiden; es gab zwar einen Motorprüfstand und ein paar Drehbänke, aber weder Labors noch ein Konstruktionsbüro. Die Rennfahrzeuge entstanden Stück für Stück in aufwendiger Handarbeit, und ihre Erprobung fand auf der Rennstrecke statt, nicht auf teuren Simulatoren. John Coopers Arbeitsplatz hatte demnach viele Namen: Brands Hatch, Goodwood, Silverstone... Und die meisten der rein empirisch erarbeiteten technischen Lösungen erwiesen sich in der Praxis als perfekt, wie etwa das abgeschnittene Heck beim 1,5 Liter Coventry-

Racing Partnership". Beim Großen Preis von Deutschland 1958 holte der junge Bruce McLaren auf Cooper den Sieg in der F2-Klasse - mitten im Feld der Formel 1-Boliden.

Cooper bestritt seine Existenz aber keineswegs nur aus dem Rennwagen-

Oben: Mike Cooper mit Vater John an einem Formelwagen um 1960. Unten: Vorbereitung von Cooper-500-Monoposti Ende der 50er.

Climax-Cooper von 1955. Eigentlich war das rund zulaufende Endstück nur zum Zweck des Transports abgenommen worden, aber als man beim Probelauf des Wagens darauf verzichtete, es wieder anzuschrauben, stoppte man schnellere Rundenzeiten als vorher! Cooper hatte das in den 30er Jahren erstmals in Deutschland aufgetauchte „Kamm-Heck" zum zweiten Mal erfunden.

Cooper 1959, 1960 führend in der F 1

Angesichts der Erfolge war es nur eine Frage der Zeit, bis Cooper-Rennwagen auch in der Formel 1 an den Start gehen würden. Die Initiative hierzu ergriff der bekannte britische Rennstallbesitzer Rob Walker, als er 1959 bei Cooper drei Fahrzeuge in Auftrag gab, die er Stirling Moss, Maurice Trintignant und Jack Brabham anvertraute. Die Cooper-Formel 1-Wagen mit Heckmotor leiteten eine Trendwende im Grand-Prix-Fahrzeugbau ein, und auch die Rohrrahmen-Konstruktion, wie sie 1953 von Cooper erstmals angewendet worden war, gilt als echte Pionierleistung. Welche herausragende Rolle Cooper

damals spielte, beschreibt der französische Autor Pierre Ménard treffend in seiner genialen Formel 1-Enzyklopädie: „Die Cooper waren *die* idealen Wagen für die Unabhängigen; klein, leicht zu warten, passend konstruiert für die verschiedensten Motoren. Sie stellten, in den unterschiedlichsten Ausführungen, bei bestimmten Grands Prix quasi die Hälfte des Feldes."

Neben den 2,5-Liter-Coventry-Climax-Motoren mit vier Zylindern und 240 PS (T 45, T 51, T 53 1959/1960) wurden Motoren vom Maserati 250 S und sogar vom Ferrari 555 Squalo eingebaut; in Südafrika lief sogar einmal ein Cooper-Alfa Romeo. 1,5-Liter-V8-Motoren von Coventry Climax mit 182 bis 202 PS fanden von 1961 bis 1965 in den Cooper-F 1-Typen T 55, T 58 , T 60, T 66,

Oben: Brabham 1961 in Indianapolis mit dem Heckmotor-Cooper. Li.: Stirling Moss um 1951 mit 1,0-Lit.-Cooper. Re.: Alan Brown auf Cooper Bristol F2 Mk 1 1952.

T 73 und T 74 Verwendung. Jochen Rindt pilotierte 1966 und 1967 den T 81 mit 3,0-Liter-Maserati V12 und 360 PS. Der letzte Cooper F 1 von 1968 lief unter Ludivico Scarfiotti, Lucien Bianchi und Vic Elford mit dem Maserati-Triebwerk oder dem BRM-V12 mit 400 PS bei 10.000/min (Quelle: Pierre Ménard).

Für den Nachwuchs entstanden Anfang 1960 die ersten Cooper Formel-Junior-Einsitzer, auf denen z. B. der 1934 geborene, siebenfache Motorrad- und spätere F 1-Weltmeister

(1964) John Surtees erste Erfolge im Automobil-Rennsport verbuchte. Schon 1961 sammelte er auf Cooper Punkte in der F 1. Den Cooper Formel 3 gab es wahlweise mit BMC- oder Ford-Motor; 1000 cm³ Hubraum waren das Limit. Die von Ford hielten das Rennen meist durch, die von BMC (Austin/Morris) nicht immer - was John Cooper keine Ruhe ließ. Mit viel Ehrgeiz machte er die BMC-Vierzylinder standfester und leistungsfähiger. In jene Zeit sind die Anfänge des Mini Cooper-Projekts zu datieren. Auf einem Prototyp verunglückte John

Oben: Cooper „Bobtail" um 1960. U. li.: Cooper V8 King Cobra (Weiterentwicklung Mighty Monaco) Anfang 60er Jahre. U. rechts: Brabham und Cooper nach einem GP-Sieg 1961.

so schwer, daß er monatelang im Krankenhaus lag.

Mit der 1952 gegründeten British Motor Corporation arbeitete Cooper von Anfang an eng zusammen. Die Liaison hatte sich aus der Kompetenz im Rennwagenbau ergeben, die man in Surbiton vorzuweisen hatte und die bei den BMC-Managern in Birmingham und Abingdon, dem Sitz der BMC-Sportabteilung, volle Anerkennung fand. Sich die Mitarbeit Coopers zu sichern, als 1957 die Entwicklungsarbeiten am Mini begannen, war nicht zuletzt auch ein persönliches Anliegen des Chefkonstrukteurs Issigonis gewesen. Mit Schaffung des berühmten Mini Cooper entstand dann 1961 ein weiterer Meilenstein der britischen Automobilgeschichte (Details und Erfolge s. folgendes Kapitel).

Ihre Bestzeit hatten Cooper-Rennwagen der Königsklasse mit Maserati- und Coventry-Climax-Motoren in den 1960er Jahren. In diese Epoche fiel auch Jackie Stewarts kometenhafter Aufstieg, als er 1964 zunächst unter der Flagge des britischen Rennstalls Ken Tyrrell mit einem Cooper T 72 mit BMC-Einliter-Motor in der Formel 3 zu Mei-

unterschiedlichsten Triebwerke vom Coventry Climax-Vierzylinder über Maserati 2,5- und 4,5-Liter-Achtzylinder bis zum Ford V8 eingebaut werden konnten. Ein gewisser Carroll Shelby verkaufte den Ford-motorisierten Cooper in den USA unter dem Namen „King Cobra" an aktive Rennfahrer. Den großen Durchbruch brachte aber nicht der Monaco alias King Cobra, sondern - wie bereits geschildert - der Cooper F1 von 1959/60 mit seinem 2,5-Liter-Heckmotor von Coventry Cimax, der bei 6800/min 240 PS entwickelte.

Nach der erfolgreichen F1-Phase der Frühzeit versuchte Cooper ab der Saison 1966, mit neuen Maserati-V12-Motoren den Anschluß an die Elite zu halten; mit einem solchen Auto, dem Cooper T 81, gewann Pedro Rodriguez 1967 immerhin den Großen Preis von Südafrika. Doch weitere Einsätze endeten häufig mit Motordefekten, und Mitte 1968 konnte Maserati auch keine Aggregate mehr liefern. Ende 1968 probierte man es deshalb mit dem 400 PS starken BRM-V12-Dreiliter-Motor, doch jetzt standen keine talentierten Fahrer

sterschaftsehren kam. 1965 startete Stewart in der Formel 1 auf BRM, 1968 wurde er erstmals auf Matra-Ford Weltmeister, 1971 zum zweiten Mal auf March-Cosworth.

Ein besonders interessantes Modell war der 1959 vorgestellte Cooper Monaco auf Basis des in Monaco siegreichen F1-Cooper. Es handelte sich dabei um einen voll wettbewerbstauglichen Monoposto mit Radabdeckungen, in den die

Oben: Jack Brabham im T 53-Cooper-Climax auf WM-Kurs 1959. Unten: Roy Salvadori im Cooper Formel 2-Rennwagen um 1958.

mehr zur Verfügung. Ford-Cosworth und Colin Chapmans Team Lotus gaben den Ton an, hier standen die besten Piloten der Welt unter Vertrag. Die Cooper-Konstruktionen erwiesen sich in der sich immer schneller drehenden Formel 1-Zirkuswelt zudem als veraltet, und zu Investitionen in Millionenhöhe, wie sie notwendig gewesen wären, standen keine Mittel zur Verfügung. Von den Pionierleistungen der

Von 1965 bis 1968 gewann John Rhodes („Smoking Rhodes") auf Cooper S die British Championship in der 1300-cm³-Klasse.

Firma sprach niemand mehr. Die letzten Fahrzeuge, die bei Cooper entstanden, waren drei T 90 für die Formel 5000. Nach 1969 trat Cooper überhaupt nicht mehr mit eigenen Rennwagen an, präparierte aber noch eine ganze Zeitlang die Fahrzeuge anderer Hersteller.

Wie die Legende entstand:
MINI CLASSIC HISTORY

Die Automobil-Landschaft Ende der 50er Jahre war geprägt von extremen Gegensätzen. Auf der einen Seite machten 2400 bis 3000 Mark billige und primitive Kleinwagen wie die BMW Isetta, das Fuldamobil, der Messerschmitt (FMR) KR 200 oder die Vespa 400 Cabrio-Limousine die Straßen unsicher. Auf der anderen Seite gab es bereits eine Menge Leute, die sich einen Opel Kapitän für 9975, einen Mercedes 220 für 11.500 oder, als Höchstes der damaligen Gefühle, einen Mer-

Von 1959 bis 2000 rollte der Ur-Mini weitgehend unverändert vom Band. Oben: das „Last Edition Classic"-Modell im März 2000.

cedes 300 SL für 34.000 DM leisten konnten. Massenmodelle französischer und italienischer Marken wie Fiat, Renault und Citroën spielten bereits eine bedeutende Rolle. Nur die englischen Hersteller waren relativ schwach repräsentiert. Zwar hatten sie mit Nobelmodellen wie dem Aston Martin DB 4

Links: Hopkirk/Crellin bei der Monte 1968 (5. Platz). Oben: Mäkinen/Easter, Rallye München-Wien-Budapest 1966 (1. Platz). Darunter: Aaltonen/Liddon als Monte-Sieger 1967 (alle Cooper S).

für 42.000 oder dem Bentley S für 55.720 DM feinste Technik und Ausstattung anzubieten, im umsatzträchtigen Markt der volkstümlichen Modelle aber konnten sie sich auf dem Kontinent nicht durchsetzen. Doch das sollte sich bald grundlegend ändern.

Denn der 1959 vorgestellte Austin Seven „Mini" verkörperte auf Anhieb ein Automobilkonzept, das bis zur Jahrtau-

kosmetisiert, optimiert, schließlich perfektioniert und sogar durch Verlängerung von Radstand oder Frontpartie auch maximiert (Modelle Countryman oder Clubman). Doch das Prinzip tastete man klugerweise nicht an. Längst ist aus dem Meilenstein der ausgehenden 50er ein Mythos geworden, eine Legende, die weiterlebt und ein Kultmobil, das nach wie vor eine treue Anhängerschaft hat.

Mini 1959: automobiler Meilenstein

Anders als zum Beispiel der nicht minder legendäre VW Käfer benötigte der Mini keine anderthalb Jahrzehnte von der Idee bis zum Serienbeginn, sondern lediglich gut anderthalb Jahre. Am 26. August 1959 präsentierte die British Motor Corporation, kurz „BMC", der Presse den produktionsreifen Prototyp eines Autos, dessen Gesamtkonzept bis dahin noch niemand vorweggenommen hatte. Der kompakte Zweitürer trug die schlichte Modellbezeichnung „Seven", ein von Austin seit den frühen 20er Jahren benutzter Code für Autos einer Baureihe, deren Vierzylindermotor sieben britischen Steuer-PS entsprach. Sie alle hatten damals ihren „Seven": die Firmen Austin, Jowett, Triumph - oder einen etwas größeren „Eight" wie Morris oder Standard.

Aber es war nicht der Motor, der dem kleinsten vollwertigen Viersitzer europäischer Produktion die Einmaligkeit gab, sondern die unerhörte Kompaktheit mit einer Grundfläche von nur knapp 300 mal 140 Zentimetern. Mit seinen extrem kurzen Überhängen und den zierlichen Chromstoßstangen war das Auto (bei einem Radstand von 203 cm) nur 305 cm lang. Davon ließen sich 245 cm für den Innenraum einschließlich Gepäckabteil nutzen, was geradezu als sensationell empfunden wurde; Motor einschließlich Antrieb beanspruchten nicht mehr als die restlichen 60 cm.

Das revolutionäre Konzept war erdacht worden von dem britischen Meisteringenieur Alexander Arnold Constantine Issigonis, 1906 als Sproß einer griechischen Familie im türkischen

sendwende nicht in Frage gestellt wurde und im „New Mini" der BMW Group seine logische Fortsetzung fand. Das Konzept war so genial, daß es bis zum Auslaufen der Produktion Mitte 2000 nicht grundlegend geändert werden mußte - und daß es weltweit von fast allen Herstellern kopiert wurde. Ein Fiat Punto, ein VW Polo oder ein Citroën C3 ist mit Frontantrieb, vorn querliegendem Motor, platzsparender Hinterradaufhängung und maximalem Platz im Innenraum bei minimalen Außenmaßen konzeptionell nichts anderes als ein Mini. Gewiß, man hat den Mini immer wieder modifiziert,

Oben: der erste Mini von 1959, der „Austin Seven 850" der British Motor Corporation. Unten: unter dem alten Markennamen „Morris" verkaufter Mini Cooper S 1966.

Smyrna geboren und 1923 nach England ausgewandert. Nach seinem Examen und verschiedenenen Beschäftigungen als Designer und Konstrukteur arbeitete „Alec" Issigonis ab 1933 bei Humber und stand ab 1936 in Diensten der Morris Motors Ltd., wo er sich einen Namen als Spezialist für vordere Einzelradaufhängung machte. 1939 ging er an die Konstruktion eines Nachfolgers für den Morris Ten, dem größeren Bruder des seit 1928 gebauten Morris Minor, dem Gegenspieler des Austin Seven. Der Morris Ten mit seinem 1,2-Liter-Ohv-Motor wurde nach dem Krieg neu aufgelegt, der Minor ebenfalls. Beide Autos waren sehr erfolgreich.

1948 erschien ein neuer Morris Minor, ebenfalls designed by Issigonis. Dieses Modell, das trotz eines anderen technischen Konzepts mit Frontmotor und Hinterradantrieb praktisch die englische Version des Volkswagens war,

Oben: früher Mini Cooper 1962. Unten: noch einmal der Austin Seven 850 von 1959.

geriet innerhalb von 23 Baujahren zu einem der populärsten und langlebigsten Autos britischer Produktion. Bis 1961 wurden 1,6 Millionen Stück gebaut. Heute noch rollen viele Tausend Exemplare über die Straßen Englands, überwiegend in toprestauriertem Zustand.

Unter BMC-Chef Leonard Lord nahm dann das Mini-Projekt konkrete Gestalt an. Den Anstoß gab die Suez-Krise von 1956, in deren Verlauf Ägypten den Suez-Kanal sperrte und damit indirekt die Ölzufuhr nach Europa drosselte. In England wurde eine Benzinrationierung auf zehn Gallonen pro Monat und Auto verordnet. Ein Kleinwagens neuen Typs mußte her. Klein, wendig und vor allem sparsam sollte er sein, aber nicht die Kleinstwagenanmutung des alten Austin A 30 oder gar jener kontinentalen Primitivvehikel (Lloyd, Heinkel-Kabine, BMW Isetta, Goggomobil z. B.) vermitteln, die noch immer das Odium des Nachkriegs-Behelfs an sich hatten. Es sollte der jungen Familie (zwei Erwachsenen und zwei Kindern) bequem Platz bieten, höchst wirtschaftlich zu unter-

Der 1952 zwischen Austin und der Nuffield Group (Morris, MG, Riley, Wolseley) geschlossene Kooperationspakt, aus dem die British Motor Corporation hervorging, zwang zur Neustrukturierung aller Modellreihen, um Überschneidungen und Konkurrenz-Parallelen zu vermeiden. Eine Maßnahme, die aber am Konservatismus zahlreicher Frühstücksdirektoren scheiterte, die „ihre" Marken und Modellreihen nicht aufzugeben bereit waren. Daher bestand das - angeblich kundenorientierte und kostensenkende - Markenkonglomerat künftig weiter fort, was letzten Endes einen erheblichen Teil zum Untergang des späteren British-Leyland-Konzerns beitrug.

Bis 1969 hatte der Mini außenliegende Türscharniere. Oben: Austin Mini „Super de Luxe" von 1964. Mitte links: Morris Mini Cooper S Mk II 1968. Mitte rechts: Cooper in dezenter Zweifarblackierung von 1968. Unten rechts: Morris Mini 1968. Leichtmetallräder waren damals noch nicht üblich.

halten sein, ein Optimum an Fahrsicherheit und Fahrkomfort bieten, dabei flink genug sein, um im modernen Verkehr mithalten zu können. Und es sollte so schick wie möglich, in seinem Styling aber zugleich so zeitlos wie möglich aussehen, so daß sich jüngere wie ältere Menschen mit dem Auto identifizieren könnten.

Dieses Lastenheft stellte für den leidenschaftlichen Ingenieur Issigonis nicht nur eine große Herausforderung dar - er betrachtete es als die Chance seines Lebens. Und mit dieser Einschätzung lag er richtig: Wir kennen das Resultat seiner Umsetzung. Um allen Lagern gewachsener Markenloyalitäten gerecht zu werden, und in Vorwegnahme des typischen „badge engineering" (also der beliebigen Marken-

Oben: Ende der 60er Jahre wurde der Mini mit verlängertem Radstand als Austin Countryman bzw. Morris Traveller verkauft. Mitte links: Italienischer Innocenti Mini 1001 von 1973; daneben: Clubman Estate um 1970. Unten links: Mini 1275 GT 1974 mit langer Front. Rechts: Cockpit des Innocenti 1001.

Austauschbarkeit bei ein und derselben Konstruktion) im BMC- und späteren BL-Konzern, gab es den Seven gleich in einer Austin- und in einer Morris-Variante. Als Morris erhielt er den Zusatz-

*Oben: Mini „Thirty"
zum 30jährigen Mini-
Jubiläum 1989 mit
986 cm³ Hubraum
und 41 PS. Mitte:
Sondermodell Mini
„Checkmate" in
Schwarz mit weißem
Dach und Cooper-
Rädern 1990. Unten:
Mini „British open"
mit Faltschiebedach im
September 1993.*

namen „Mini Minor", als Austin „Seven 850", eine Zahl, die sich auf den Hubraum des Motors bezog. Die BMC hatte in Großbritannien und auch im Export ein gewaltiges Verkaufspotential. So vermochte sich der neue Kleinwagen, unter welchem Etikett auch immer, sehr schnell durchzusetzen. Dieser Erfolg bestätigte, daß Issigonis und seine Männer es tatsächlich geschafft hatten, alle gesetzten Parameter optimal zu erfüllen. Ein Jahrhundertauto war entstanden.

Gute Raumausnutzung, leichte Wartung

Auch in Deutschland, dem Land der Staatskarossen à la Mercedes 300 und Porsche Coupés, aber auch der behelfsmäßigen Winzmobile wurde die Neuheit Respekt gezollt. Ingenieur Werner Oswald schrieb im Motor-Presse-Katalog 1959: „Mit einem ganz neuen Kleinwagen (...) überrascht die British Motor Corporation. Es ist um so mehr eine echte und große Überraschung, weil man bislang derart unkonventionelle Konstruktionen, wie sie dieses Fahrzeug aufweist, bei britischen Automobilen schlechterdings kaum erwartet. Der neue BMC-Kleinwagen ist, ähnlich wie der Citroën 2 CV oder der Fiat 500, ohne große Rücksichten auf überkommene Formen und Bauarten nach Gesichtspunkten einer möglichst guten Raumausnutzung und Gewichtsverteilung, rationeller Herstellung und leichter Wartung gebaut. Auch bei seiner äußeren Gestaltung stand die Funktion im Vordergrund, nicht das Streben nach modischer Schönheit, nach Geltung und Repräsentation."

Der Austin 850 Seven alias Morris Mini Minor hatte einen Aufbau in selbsttragender Bauweise und wies als erstes Großserienauto britischer Provenienz Vorderradantrieb auf. Motor und Antrieb als Baueinheit herzustellen und vorne ins Fahrzeug zu installieren, war die ideale Lösung innerhalb der gewünschten Eckpunkte. In größeren Serien gebaute Frontantriebsautos gab es zwar schon seit 1931 (DKW, Citroën z. B.).

Neu war aber, daß der Vierzylinder des Mini (der erst ab 1969 diesen Namen als Markenbezeichnung erhielt) quer zur Fahrtrichtung eingebaut war - in Verbindung mit ebenfalls quer liegendem Getriebe-Differential-Block, Antriebs-Halbwellen, vorderer Einzelradaufhängung und Gummifederung. Nicht zuletzt aus Platzgründen besaß der Wagen sehr kleine Räder, die so weit wie möglich außen angebracht worden waren. 10-Zoll-Räder, breite Spur und verhältnismäßig langer Radstand wurden zu klassischen Merkmalen des Mini. Das Fahrwerk saß vorn und hinten an soliden Hilfsrahmen, die gegen den Karosseriekörper isoliert waren und im Reparaturfall eine schnelle Komplett-Demontage ermöglichten.

Im Juli 1958 hatten die ersten Versuchsfahrzeuge begonnen, ihre Runden zu drehen. In den nachfolgenden dreizehn Monaten war der Zweitürer zur Produktionsreife gediehen - einschließlich Motor und Antrieb. Der klei-

ne, wassergekühlte Vierzylinder hatte 848 cm³ Hubraum und leistete 34 PS. Das Leergewicht des Autos betrug nur 618 kg. Das Ohv-Triebwerk war keine Neuentwicklung; es basierte auf dem Motor des Austin A 30, Baumuster 1951. Daß er in „East-West"-Richtung eingebaut wurde, ergab sich zwangsläufig aus dem knappen Platz, den man ihm

Oben: Mini „Mayfair Sport" von 1989 mit 986 cm³ und ungeregeltem Katalysator. Unten: erster Mini mit geregeltem Katalysator bei 1,3 Litern Hubraum im Januar 1992.

zugestand. Einen nach hinten geneigten Quermotor hatte Issigonis aber ebenfalls von Anfang an in seine Planung einbezogen gehabt.

Mit diesem Bauprinzip spielte BMC den Vorreiter für Dutzende von anderen Automobilherstellern, die früher oder später alle zu quer eingebauten Frontmotoren mit Vorderradantrieb übergingen. Waren sie zunächst der VW-Doktrin des Heckmotorprinzips gefolgt (wie etwa Renault, Skoda, Fiat, BMW, Simca), so bekehrten sich im Laufe der Zeit viele der großen Hersteller zum Issigonis-Prinzip - selbst Volkswagen, als man in Wolfsburg 1973 mit dem Passat und 1974 mit dem Golf die radikale Abkehr von allen bisher so weltanschaulich verteidigten Käfermerkmalen vollzog.

Große Fensterflächen und schmale Holme zeichneten den Mini ebenfalls seit Anbeginn aus. Um einen volkstümlichen Preis ermöglichen zu können, hatte man den Wagen zunächst mit Schiebe- statt Kurbelfenstern in den Türen ausgerüstet. Ebensowenig gab es eine Armaturentafel im herkömmlichen Sinn mit Instrumenten und Handschuhfach. An ihrer Stelle erstreckte sich eine durchgehende und sehr praktische Ablagefläche unterhalb der Windschutzscheibe, gekrönt von einem mittig angebrachten Rundinstrument, in welchem Signal- und Warnleuchten sowie Tacho zusammengefaßt waren. Und statt normaler Türgriffe gab es an den Innenseiten der Türen Zugkordeln zum Öffnen der Schlösser.

Die Motor-Getriebe-Kombination mit der seitlichen Anordnung des Kühlers war eine Meisterleistung des

Ingenieurs Chris Kingham. Getriebe und Differential fanden ihren Platz in der Ölwanne (gemeinsamer Ölkreislauf!). Ebenso genial war im Fahrwerksbereich die Verwendung von Gummi-Elementen statt Stahlfedern. Das sparte Gewicht, Platz und Geld. Weil der Mini leicht war, erreichte er trotz spärlicher Leistung eine akzeptable Höchstgeschwindigkeit von 116 km/h.

Stets wurde Alec Issigonis als Vater des Mini bezeichnet und gefeiert. Aber selbstverständlich hatte er einen Stab fähiger Techniker um sich, angeführt von dem bereits erwähnten Motorenspezialisten Chris Kingham und dem Fahrwerksexperten Jack Daniels. Auch die BMC-Versuchsingenieure Victor Everton und John Sheppard hatten großen Anteil an der Entstehung des Mini.

Ganz ohne Kinderkrankheiten kam der Mini natürlich nicht davon. Erst waren es Getriebe- und Kupplungsde-

fekte, über die viele Kunden klagten, dann waren es häufig verstopfte Ölfilter. Die Synchronisierung des Vierganggetriebes wurde mehrfach überarbeitet. Häufig machte auch das Zündsystem Ärger. Verteiler und Zündspule saßen im Motorraum an strategisch denkbar ungünstiger Position und wurden bei Nässe das Opfer eindringenden Spritzwassers. Viele Mini-Besitzer versuchten, auf eigene Faust Abhilfe zu schaffen und montierten Schutzbleche vor die sensiblen Teile.

Die BMC-Händler boten das Auto in einer Standard- und einer Deluxe-Version an. Die Unterschiede lagen in ein paar

Oben: Mini „Silverbullet" vom September 1995. Unten links: Modell „Silverstone" im Juni 1993. Rechts: mit Wurzelholz verfeinertes Cockpit des Mini „35" August 1994.

Ausstattungsdetails und der Qualität der Polsterstoffe. Stärkere Differenzierungsmerkmale bot erst der im August 1961 präsentierte Morris Super mit geändertem Kühlergrill, Sportfelgen und inneren Türgriffen.

Minis von Riley, Wolseley, Morris

Das Badge Engineering feierte bei BMC weiterhin fröhliche Urständ, als im Herbst des gleichen Jahres auch ein Riley in Mini-Ausführung auf den Markt kam. Der mit seinem Kühlergrill sehr elegant wirkende und auch mit einem Wurzelholz-Armaturenbrett ausgestattete Riley Elf („Elfe") wurde ein knappes Jahr später durch den Mini Wolseley Hornet (Hornisse) ergänzt. Diese Mo-

delle waren natürlich teurer als die Austin- und Morris-Ausführungen, denn sie hatten ein sehr viel aufwendigeres Interieur und mehr Chrom, besaßen - bei gleichem Radstand - eine um etwa 20 cm längere Karosserie und damit einen größeren Kofferraum; Spötter nannten ihn „Rucksack".

Als eine sehr beliebte Variante des Mini erwies sich der im Oktober 1960 vorgestellte Kombi mit Hecktüren, genannt

Diese vom Autor im Mai 1989 gemachten Aufnahmen zeigen frisch importierte Mini-Exemplare auf dem Hof von Rover D.

„Countryman" oder auch „Traveller"; letzterer war ein eleganter kleiner Reisewagen im Woody-Look. Bald folgte auch ein Pickup, und es dauerte nicht lange, bis etliche Karosseriehersteller in eigener Regie weitere Sondermodelle anzubieten begannen, darunter auch Cabrios. Eine Superluxus-Variante brachte der Spezialist Wood & Picket heraus.

Ab 1961 wich der einsame Tachometer einem ovalen Instrumententräger; das sah nun doch ein wenig mehr nach Auto aus. 1962 verzichtete man auf die Zusatzbezeichnung Seven. Nicht vor 1969 - inzwischen war aus der British Motor Corporation durch Angliederungen weiterer Herstellerfirmen der Konzern British Leyland geworden - entschloß man sich, beim Mini die außenliegenden Türscharniere abzuschaffen und sämtlichen Bauausführungen Kurbelscheiben zu verpassen.

Eine Ende 1964 eingeführte, nur kurzzeitig verwendete und als sehr komfortabel empfundene Verbundfe-

117

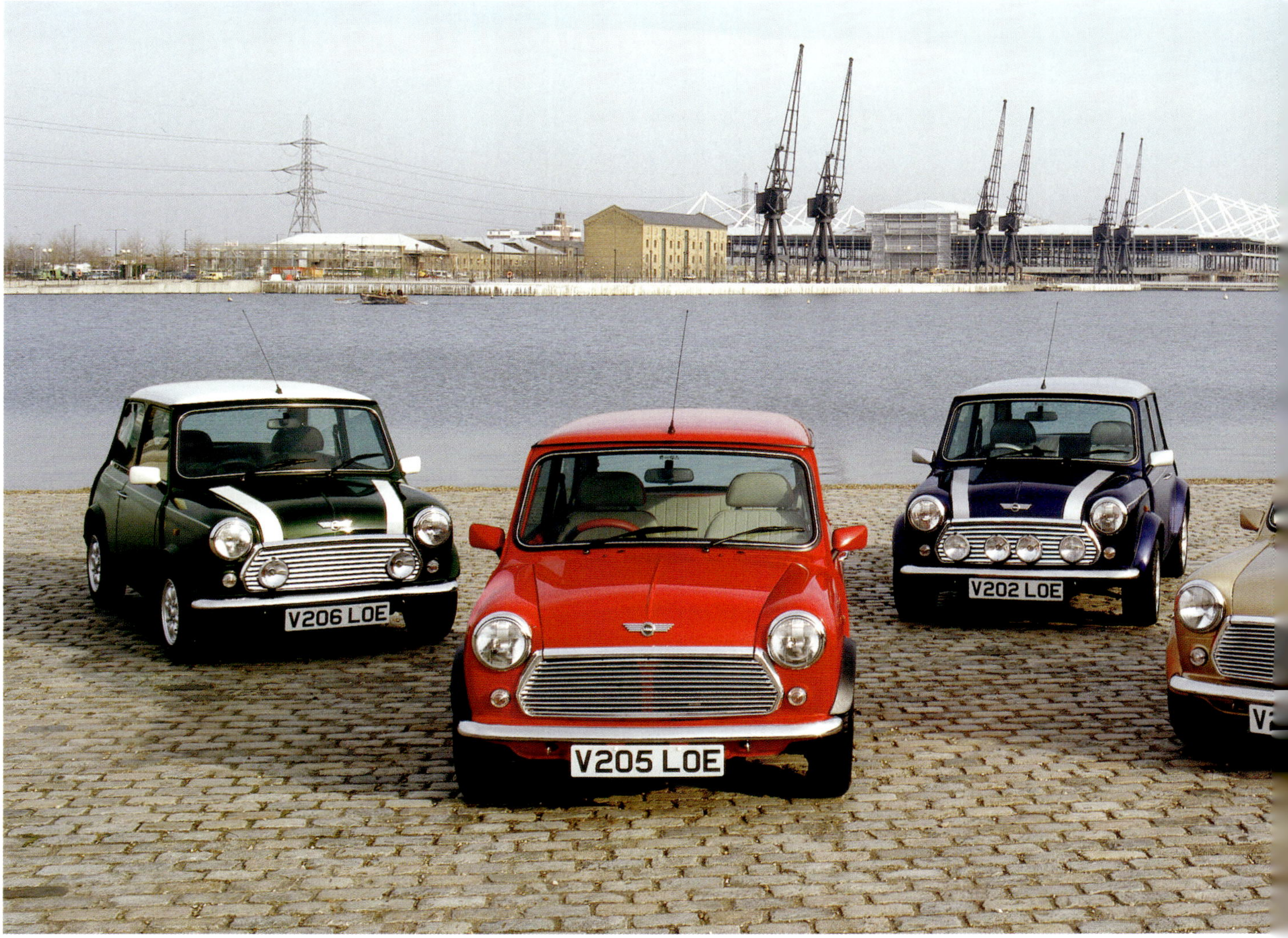
V206 LOE
V205 LOE
V202 LOE

NE-AR 95
NE-AR 599

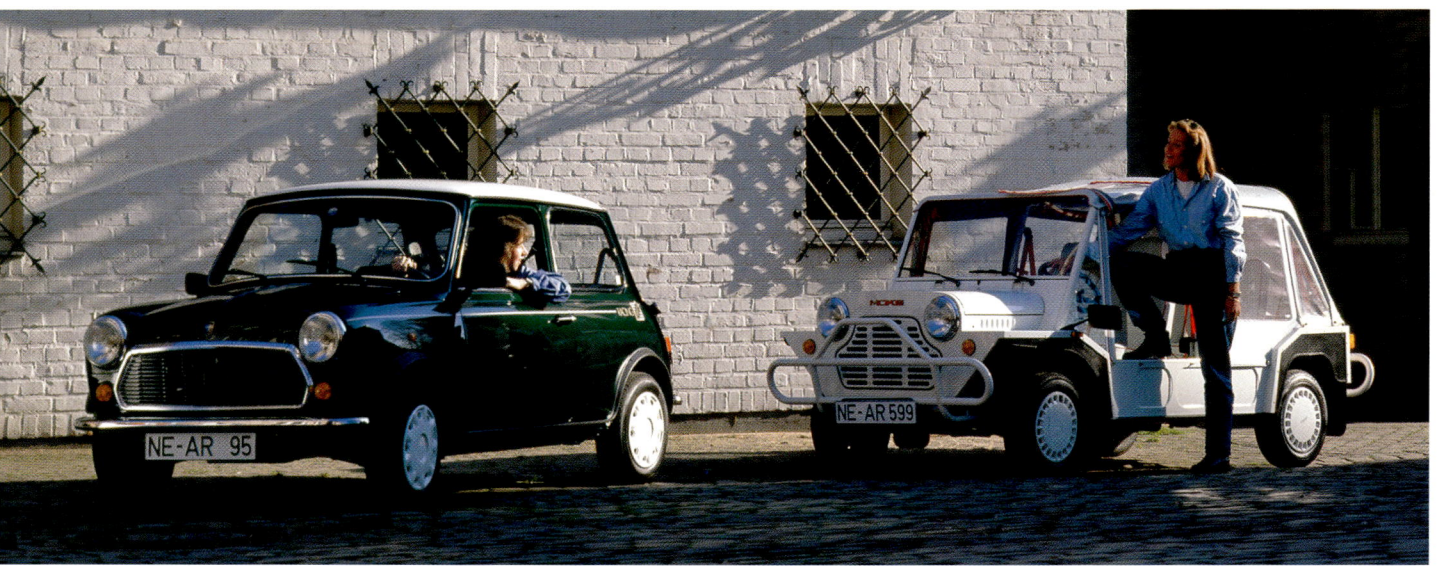

Links: die vier Classic-
und Cooper-/S-Modelle
der „Last Edition" März
2000. Unten links:
Mini „Racing" und Mini
„Moke" im Februar
1989. Mitte rechts:
John Cooper mit Mini
Cooper „Grand Prix"
1994. Unten: Cooper
mit Sportpaket 1999.

derung („Hydrolastic-" oder auch „Whisky-Federung" genannt) bei der Limousine verschwand bald wieder; ab
Sommer 1971 war die Verbundfederung (Werbung: „keine
Federn, keine Stoßdämpfer") passé. Ihr Produktionsaufwand
hatte sich als zu kostenintensiv erwiesen. Dafür gab der Mini
Clubman sein Debüt, und dieses Modell erwies sich wieder
als ein echter Hit. Auf der London Motor Show 1969 vorgestellt, wirkte dieses Auto mit 115 mm längerer Frontpartie
und einem Komplett-Instrumentarium direkt über dem
Lenkrad schon sehr viel erwachsener. Eine Kombiversion
(„Estate") gab es ebenfalls, und ab Ende 1965 wurde sogar
eine Getriebeautomatik offeriert - mit vier Schaltstufen! Der

Mini in seiner Basisausführung trug ab
Oktober 1967 die Zusatzchiffre Mk. II.
Standardmotorisierung war noch immer der 850-cm³-Vierzylinder; ab März
1963 war aber auch ein 1071-cm³-
Motor (Austin bzw. Morris Cooper S)
und zwölf Monate später eine 1275-
cm³-Version erhältlich. Im Frühjahr 1970
mutierte diese Version zum Mk. III.

Mit dem Clubman präsentierte sich
der Mini als ein Auto mit „richtigem"
Kühlergrill, in dessen Seiten die Frontscheinwerfer integriert waren. Um den
ganzen Wagen zog sich ein farblich und
durch Zierleisten akzentuierter Gürtel.
Dieses Auto war sicher noch immer ein
echter Mini, aber doch sehr komfortbe-
tont und vielen Fans zu modernistisch;

es gab ihn bis zum Frühjahr 1981. Besonders reizvoll war die ab Oktober 1969 angebotene Version 1275 GT, an die 140 km/h schnell. Von 1967 bis 1969 hatte es auch einen Mini Mk. II 1000 mit 998-cm³-Motor gegeben, nach wie vor als Austin und als Morris. Ab 1976 lief der Mini serienmäßig auf Gürtelreifen, ab 1978 hatte er größere Pedale.

1980 kam der Mini Super in den Ausführungen HL und HLE auf den Markt und erfuhr 1982 noch eine Aufwertung in Gestalt des Modells Mayfair. Und obwohl bereits in seinem 24. Lebensjahr, gab sich der Mini so jugendlich wie eh und je.

Nicht nur in Großbritannien hatte sich der Mini den Markt der großen Kleinen erobert; enormer Beliebtheit erfreute sich das Auto aus Birmingham auch in vielen anderen Ländern, vor allem auf dem europäischen Kontinent. In Paris und an der Côte d'Azur galt es als ebenso chic, einen Mini zu fahren wie in Rom oder Zürich. In Nordamerika war man vom Erfolg des Mini ebenso beeindruckt wie in Europa, aber mit den Dimensionen des Autos wußten die Amis und Kanadier nicht viel anzufangen. „Da soll man vier Leute in einem Gehäuse unterbringen, das nicht größer ist als der Motorraum in einem normalen Auto. Außer dem Fahrer hat eigentlich nur ein wenig Handgepäck Platz", schrieb „Track and Traffic", Toronto.

Die Italiener erhielten ihren eigenen Mini, gebaut in Mailand. Die Kooperation mit dem Lambretta- und Kleinwagenhersteller Innocenti, bestehend seit 1963, führte im Oktober 1965 zu einer Lizenzfertigung des 850ers, dem 1970 das 998-cm³-Modell folgte, in Italien als Innocenti 1001 bezeichnet. Zwei Jahre später erwarb British Leyland das Werk in Mailand. Der Mini Cooper S wurde dort noch bis 1974 produziert, dreieinhalb Jahre länger als in England. Ab 1977 begann die Marke Innocenti-Mini ein Eigenleben zu führen, als De Tomaso die Regie übernahm und mit der „Italienisierung" schließlich auch einen neuen Motorenlieferanten ins Boot holte: Daihatsu.

1961: Premiere des Mini Cooper
1963: Motorsport mit dem Cooper S

Eine ganz besondere Rolle spielte der Mini im Motorsport, und in diesem Zusammenhang wird es Zeit, auf die Rolle John Coopers näher einzugehen, denn durch seine Arbeit mauserte sich der kleine Wagen zu einem heißen Wettbewerbsinstrument. Der für seine erfolgreichen Formel-Rennwagen bekannte Motoren- und Fahrwerksspezialist - und langjähriger Freund von Issigonis - arbeitete eng mit der BMC zusammen und realisierte einige Spezialversionen, denen man einfach die Zusatzbezeichnung „Cooper" gab. Cooper war indes nicht der einzige Tuner, der sich des Mini annahm; die Firmen Broadspeed, Downton oder Speedwell waren hier gleichermaßen aktiv.

Der erste Mini Cooper gab im September 1961 seinen Einstand. Sein Motor hatte größere Ventilquerschnitte, eine spezielle Nockenwelle, zwei

Seite 120 oben: Mini Cooper von Rover im Mai 1995; Mitte: Sondermodell Mini „Classic" im Juli 1997; unten: Mini Cabrio-Limousine in den 80er Jahren. Diese Seite beide Bilder: Sammlerwert hat heute das Mini Cabriolet, das im September 1991 von Rover vorgestellt wurde. Der 1,3-Liter-Viezylinder leistete 61 PS. Große LM-Räder mit 175er Breitreifen und Aerodynamikpaket waren serienmäßig.

Vergaser, entwickelte bei 997 cm³ Hubraum 55 PS und erreichte knapp 150 km/h Höchstgeschwindigkeit. 1963 wurde der Cooper S mit 68 bis 70 PS nachgelegt. Eine weitere Besonderheit der Sportmodelle waren die vorderen Scheibenbremsen. Es folgten der Cooper 1071 S, der 970 S mit 65 PS und der 1275 S mit 76 PS. Bis zum Produktionsstop im Sommer 2000 war der zuletzt unter Rover-, respektive BMW-

Regie laufende Mini auch als Cooper und Cooper S zu haben („Final Edition" ab März 2000).

Schon bald bewiesen viele getunte, vor allem aber die Cooper-Versionen, daß sie sowohl bei Rundstreckenrennen als auch im Rallyesport ernstzunehmende Konkurrenten waren. Besonders der im März 1964 präsentierte Cooper 1300 mit 1275-cm³-Motor war ein heißes Sportinstrument. Sechs volle Jahre lang, bis Ende Saison 1968, dominierten die rasanten Winzlinge ihre Klasse, errangen allein bei internationalen Rallyes 19 Gesamtsiege. Rennleiter wie Stuart Turner und sein Nachfolger Peter Browning konnten mit ihren Teams großartige Triumphe feiern. Die Rallye Monte-Carlo war eine der ganz großen Domänen des Mini, und Fahrer wie Paddy Hopkirk, Timo Mäkinen, Tony Fall, Paul Easter, Henry Liddon, Tony Ambrose

und Rauno Aaltonen schrieben ein bedeutendes Kapitel Rallyegeschichte, indem sie die berühmte Rallye dreimal gegen stärkste Konkurrenz wie Ford

S. 122 oben: Mini Cooper bei einem Rundstreckenrennen in Silverstone 1965; darunter: Mäkinen/Easter als Sieger der Rallye München-Wien-Budapest 1966. Diese Seite oben: Fall/Wood auf Cooper S bei der Rallye Monte Carlo 1968 (4. Platz gesamt); links: Cockpit des Cooper S, mit dem Hopkirk/Crellin 1966 die Österreich-Rallye gewannen.

Falcon, Mercedes-Benz 300 SE oder Volvo PV 544 gewannen: 1964, 1965 und 1967.

Der erste Sieg „David gegen Goliath" gelang 1964 dem Team Hopkirk/Liddon. Insgesamt 30 (!) Minis waren an den Start gegangen. 1965 setzte sich der Finne Timo Mäkinen mit „Co" Paul Easter gegen eine Armada von 236 anderen Teilnehmern durch, indem er unter anderem auf Eis und Schnee die 610 km lange Nachtetappe Saint Claude-Monte Carlo gewann, bei der nur 35 Teams die Zielflagge sahen. Im darauffolgenden Jahr chauffierten die Piloten Mäkinen, Aaltonen und Hopkirk ihre Cooper S auf die ersten drei Plätze, wurden jedoch wegen nicht homologierter Zusatzscheinwerfer disqualifiziert. Ungeachtet dieser bitteren Entscheidung kehrten die Mini Cooper 1967 noch einmal zurück. Der „fliegende Finne" Rauno Aaltonen zeigte es allen und siegte am Ende mit zwölf Sekunden Vorsprung vor Lancia.

Cooper-Versionen gab es von allen Ausführungen des Mini, und sportliche Cityflitzer wie hochkarätige Wettbe-

werbsautos mit Siegerqualitäten ergaben ein weites Spektrum für ihren Einsatz. Mini-Clubs in aller Welt entfalteten ihre Aktivitäten, und der große Zulauf, dessen sie sich erfreuen konnten, lag nicht zuletzt am günstigen Einstiegspreis des britischen Volks-Autos. In Deutschland bekam man einen ladenneuen Mini im Jahre 1968 bereits ab 3990 Mark. (Der Startpreis 1959 für den Austin Seven 850 war mit 5175 DM - plus 120 DM für die Heizung - deutlich höher!) Das Limited-Edition-Jubiläumsmodell „40 Jahre Mini" 1999 mit 1,3-Liter-63-PS-Motor, 13-Zoll-LM-Rädern, Ledersitzen und elektrischem Faltschiebedach kostete dagegen stolze 25.490 DM.

Der in vielen Versionen, technisch aber weitgehend unverändert 41 Jahre lang (26. 08. 1959 bis 4. 10. 2000) in exakt 5.387.862 Exemplaren produzierte Mini war das einzige Modell, das alle Krisen des British-Leyland-Konzerns durchstand.

Der Mini Cooper S dominierte ein halbes Jahrzehnt lang nationale und internationale Rallyes. Das Bild zeigt ein Exemplar im Jahr 1966 bei der berüchtigten R.A.C.-Rallye in Schottland.

Die Austin-Rover Group, wie das ehemalige BL-Segment von 1988 bis zur Übernahme durch BMW Anfang 1994 firmierte, bot ab 1992 den Mini und den Mini Cooper nur noch mit dem 1275-cm³-Motor an, jetzt mit G-Kat. 1999 war sogar wieder ein Cooper S zu bekommen - mit 90 PS, Fahrer-Airbag und Fünfganggetriebe. Bis Mitte 2000 fristete der alte Mini unter der BMW-Rover-Ägide zwar nur noch ein Außenseiterdasein, wurde aber als Kultobjekt bewußt gepflegt, denn BMW hatte mit dem Nimbus der kleinen Zauberkiste aus Birmingham ja noch viel vor. In dichter

Folge von 1996 bis 2000 herausgebrachte Sondermodelle wie der Balmoral, Silver Bullet, Kensington, Blue Star oder Brooklands sorgten dafür, daß der Mini im Gespräch blieb.

Besonders gut an kam die ab 1991 angebotene Vollcabrio-Version mit grossen Rädern, Kotflügelverbreiterungen, verstärktem Sportfahrwerk (Doppelquerlenker vorn, Längslenker hinten) und klassischem Viergang-Schaltgetriebe. Der 1273 cm³ große Motor entwickelte 61 PS bei 5550/min und sorgte für eine Spitze von 140 km/h. Ein geschicktes Marketing ermöglichte schließlich das allmähliche Ausblenden des mit so großartiger Tradition behafteten „Old Mini" im Mai des Jahres 2000, als die Phoenix Group von BMW die Marken Rover und MG erwarb - unter Ausklammerung der Marke Mini. Fast nahtlos knüpfte der unter BMW neu entwickelte New Mini ein knappes Jahr später an die Auslaufphase des mittlerweile 42 Jahre alten Oldies an.

Umbauten und Freizeit-Versionen

Der Mini wurde von Bastlern, Tunern und Designern tausendfach variiert, verschlimmbessert, verfremdet. Es entstanden kugelrunde Werbefahrzeuge (wie für den Orangenkonzern Outspan), Schwimmwagen, rassige Fließheck-Coupés, Sechsrad-Minis, Stock Racer und so fort. Die meisten Modelle blieben Einzelstücke.

Unter den zahlreichen Derivaten, die auf Basis des Mini gebaut wurden, sei eines stellvertretend für viele erwähnt, das immerhin in größerer Stückzahl fabriziert wurde: der Mini Moke. Dieses Gefährt war eine Kübelwagenausführung, extrem flach, allseits offen und eher ein Spaßfahrzeug für Strand und Golfplatz als etwa für den militärischen Einsatz. Aber gerade für den war der Moke Ende 1963 konzipiert worden: Die Britische Armee hatte seine Entwicklung in Auftrag gegeben. Und da er Allradantrieb haben sollte, bekam er zwei Motoren wie der Citroën 2 CV Sahara - einen vorn, einen hinten.

Oben: Aaltonen/Liddon auf Mini Cooper S bei der Rallye Monte Carlo 1968, die das Team auf dem dritten Platz beendete. Unten: das gleiche Team auf Siegesfahrt bei der Tulpen-Rallye 1966.

Ein Konzept, das sich aber nicht bewährte, so daß es bei einem Motor (vorn) blieb. Bei der militärischen Musterung fiel der Moke nicht zuletzt auch wegen seiner geringen Bodenfreiheit durch, die den Geländeeinsatz stark einschränkte.

Im Oktober 1968 fand die Fertigung des Mini Moke in England ihr Ende. Doch in Australien und Portugal wurde er weiterproduziert - bis zu einer Gesamtstückzahl von letztlich 34.025 gebauten Exemplaren. Als Vergnügungsgerät erfreute er sich vor allem an den Küsten einiger Mittelmeerländer einer treuen Anhängerschaft. Heute hat er Sammlerstatus.

Technische Daten

MODELL

Verkaufsbezeichnung	Mini One	Mini One automatic	Mini One D	Mini Cooper [*1]	Mini Cooper S [*2]	Mini Cooper Cabrio [*3]	Cooper S/John Cooper Works [*4]
Präsentation	5/2001	5/2001	5/2003	5/2001	10/2001	5/2004	5/2002
prod. Einheiten bis 31.07.2004	94.311	13.391	23.031	179.665	103.021	4441	k.A. weitere Prod.zahlen s. Seite 127

MOTOR

	Mini One	Mini One automatic	Mini One D	Mini Cooper	Mini Cooper S	Mini Cooper Cabrio	Cooper S/John Cooper Works
Bauart	Reihen-Vierzylinder, flüssigkeitsgekühlt (Hersteller Turbodiesel-Motor: Toyota); Block Benziner Grauguß, Diesel Leichtmetall; Zylinderkopf generell LM						
Hubraum cm^3	1598	1598	1364	1598	1598	1598	1598
Bohrung x Hub mm	77 x 85,8	77 x 85,8	73 x 81,5	77 x 85,8	77 x 85,8	77 x 85,8	77 x 85,8
Leistung PS/kW/min^{-1}	90/66/5500	90/66/5500	75/55/4000	115/85/6000	163/120/6000	115/85/6000	200/147/6950
max. Drehmoment Nm/min^{-1}	140/3000	140/3000	180/2000	149/4500	210/4000	150/4500	240/4000
Verdichtungsverhältnis	10,6 : 1	10,6 : 1	18,5 : 1	10,6 : 1	8,3 : 1	10,6 : 1	8,3 : 1
Ventilsteuerung/Ventile pro Zyl.	eine obenliegende, kettengetriebene Nockenwelle/ohc/4 Ventile pro Zylinder (Turbodiesel: 2)						
Kraftstoff ROZ	Benzin 91-98 ROZ	Benzin 91-98 ROZ	Diesel	Benzin 91-98 ROZ	Benzin 91-98 ROZ	Benzin 91-98 ROZ	Benzin 91-98 ROZ
Gemisch-/Abgasaufbereitung	elektronisch gesteuerte Einspritzanlage/geregelter Dreiwege-Katalysator (Turbodiesel: Oxidations-Katalysator); Cooper S: mit Kompressor; Works: Spezial-Zylinderkopf						
Motormanagement	Siemens EMS 2000	Siemens EMS 2000	Bosch EDC15	Siemens EMS 2000	Siemens EMS 2000	Siemens EMS 2000	Siemens EMS 2000 modifiziert
Lichtmaschine	105 A/1470 W	105 A/1470 W	130 A/1470 W	105 A/1470 W	105 A/1470 W	105 A/1470 W	105 A/1470 W
Batterie/Einbauort	46 Ah/vorn	46 Ah/vorn	70 Ah/hinten	46 Ah/vorn	55 Ah/vorn	55 Ah/vorn	55 Ah/vorn
Schmierung/Motoröl Liter	Druckumlauf/4,5	Druckumlauf/4,5	Druckumlauf/4,3	Druckumlauf/4,5	Druckumlauf/4,5	Druckumlauf/4,5	Druckumlauf/4,5
Kühlmittelvolumen Liter	5,3	5,3	5,3	5,3	6,0	5,3	6,0

KRAFTÜBERTRAGUNG

	Mini One	Mini One automatic	Mini One D	Mini Cooper	Mini Cooper S	Mini Cooper Cabrio	Cooper S/John Cooper Works
Kupplung	hydraulisch betätigte Einscheiben-Trockenkupplung						
Getriebe/Schaltung	5-Gang-Schalt	CVT-Autom. stufenlos	6-Gang-Schalt	5-Gang-Schalt	6-Gang-Schalt	5-Gang-Schalt	6-Gang-Schalt
Antrieb	Vorderradantrieb mit Halbwellen						
Achsübersetzung	3,556 : 1	4,05 : 1	k.a.	3,940 : 1	k.A.	4,35 : 1	k.A.

KAROSSERIE, FAHRWERK

	Mini One	Mini One automatic	Mini One D	Mini Cooper	Mini Cooper S	Mini Cooper Cabrio	Cooper S/John Cooper Works
Bauart	selbsttragende Ganzstahl-Karosserie, zwei Türen, eine Heckklappe, vier Sitzplätze					offen, 2 Türen	geschlossen, wie One etc.
Vorderradaufhängung	Eingelenk-McPherson-Federbeinachse mit Bremsnickausgleich						
Hinterradaufhängung	Längslenker mit zentral angeschlagenen Querlenkern („z-Achse"), Schraubenfedern mit integrierten Stoßdämpfern						
Fahrstabilisierung	optional: Tranktionshilfe ASC+T (Serie bei Diesel und Cooper S); optional: Fahrstabilitätssystem DSC						
Bremssystem	hydraulisch betätigte Zweikreis-Bremsanlage mit ABS, elektronische Bremskraftverteilung EBD und Kurvenbremshilfe CBC; Handbremse mechanisch auf Hinterräder wirkend						
Bremsen vorn/Maße mm	Scheiben ib/276x22	Scheiben ib/276x22	Scheiben ib/276x22	Scheiben ib/276x22	Scheiben ib/276x22	Scheiben ib/276x22	Scheiben ib/330 (Challenge)
Bremse hinten/Maße mm	Scheiben/259x10	Scheiben/259x10	Scheiben/259x10	Scheiben/259x10	Scheiben/259x10	Scheiben/259x10	Scheiben 259 (Challenge)
Lenkung/Übersetzung	elektro-hydraulisch unterstützte Zahnstangen-Lenkung (EHPAS), 2,5 Umdrehungen Anschlag/Anschlag/13,18 : 1						
Räder Serie	Stahl 15"	Stahl 15"	Stahl 15"	LM 15"	LM 16"	LM 15"	LM 16"
Reifen vorn/hinten	175/65 R 15	175/65 R 15	175/65 R 15	175/65 R 15	195/55 R 16	175/65 R 15	195/55 R 16 und größer bis 17"

MASSE, GEWICHTE, TANK

	Mini One	Mini One automatic	Mini One D	Mini Cooper	Mini Cooper S	Mini Cooper Cabrio	Cooper S/John Cooper Works
Länge/Breite/Höhe mm (leer)	3626/1688/1416	3626/1688/1416	3626/1688/1416	3626/1688/1408	3655/1688/1416	3635/1688/1415	3655/1925/1416 (Cup-Trimm)
Radstand mm	2467	2467	2467	2467	2467	2467	2467
Spurweite vorn/hinten mm	1458/1466	1458/1466	1458/1466	1458/1466	1453/1460	1458/1466	1453/1460
Wendekreis m	10,66	10,66	10,66	10,66	10,66	10,66	10,66
Leergewicht kg (DIN/EU)	1040/1115	1065/1115	1100/1175	1075/1150	1140/1215	1175/1250	1140/1215 ca.; Cup: 1050
zuläss. Ges.gew./Zulad. DIN kg	1470/430	1495/430	1530/430	1505/430	1570/430	1575/400	1570/430 ca.
zuläss. Achslasten v/h kg	870/730	870/730	870/750	870/730	890/760	870/770	890/760 ca.
Anhängelast gebr./ungebr. kg	650/500	650/500	870/750	650/500	nicht möglich	650/500	nicht möglich
zuläss. Dachlast/Stützlast kg	75/75	75/75	75/75	75/75	75/---	---/75	75/---
Kofferrauminhalt VDA Liter	150	150	150	150	150	120	150
Luftwiderstand c_x x A	0,35 x 1,97	0,36 x 1,97	0,362 x 1,97	0,35 x 1,97	0,36 x 1,98	0,37 x 1,97	0,36 x 1,98
Tankinhalt Liter	50	50	50	50	50	50	50

FAHRLEISTUNGEN, VERBRAUCH

	Mini One	Mini One automatic	Mini One D	Mini Cooper	Mini Cooper S	Mini Cooper Cabrio	Cooper S/John Cooper Works
Leistungsgewicht DIN kg/kW	15,8	15,8	19,3	12,4	9,5	13,8	7,8
Literleistung kW/l	41,3	41,3	40,3	53,2	75,1	53,2	92,0
Beschleunigung 0-100 km/h s	10,9	12,7	13,8	9,2	7,4	9,8	6,7
Beschleunigung 0-1000 m s	33,0	34,2	k.A.	30,8	28,4	k.A.	k.A.
Beschl. 4. Gang 80-120 km/h s	12,8	14,5	12,3	10,5	6,7	11,6	5,6
Höchstgeschwindigkeit km/h	181	170	165	200	218	193	226
Verbrauch EU Stadt l/100 km	8,6	10,9	5,8	9,1	11,6	10,1	11,7
Verbrauch EU Land l/100 km	5,3	5,9	4,3	5,4	6,6	5,7	6,4
Verbrauch EU gesamt l/100 km	6,6	7,7	4,8	6,8	8,4	7,3	8,4
Emissionsstufe/CO_2 g/km	EU4/160,0	EU4/187,0	EU3/127,0	EU4/165,0	EU4/202,0	EU4/175	k.A.

VERSICHERUNG, PREIS

	Mini One	Mini One automatic	Mini One D	Mini Cooper	Mini Cooper S	Mini Cooper Cabrio	Cooper S/John Cooper Works
Typklassenstufen HPF/VK/TK	14/13/26	14/13/26	15/16/31	17/18/30	20/22/33	19/24/22	k.A.
Preis bei Serienstart, Euro	14.500	15.900	16.150	16.400	19.800	20.000	24.192

VARIANTEN, MODIFIKATIONEN

[*1] Mini Cooper auch als „automatic" (17.800 Euro 2001, bis 31.07.2004 65.275 Einheiten) mit variabler Getriebeautomatik und Achsübersetzung 4,05 : 1, Leergewicht DIN/EU 1090/1165 kg, zul. Ges.gew. 1520 kg, Beschleunigung 0-100 km/h 10,4 s, 0-1000 m 32,1 s, Beschl. 4. Gang 80-120 km/h 14,5 s, Vmax 185 km/h, Verbräuche EU 10,9/5,9/7,7 l/100 km, CO_2 187,0 g/km; [*2] Mini Cooper S ab Juli 2004 mit 170 PS(125 kW), 220 Nm bei 4000/min, Vmax 222 km/h; [*3] Mini Cooper S Cabrio ab August 2004 für 24.000 Euro mit Motordaten wie Cooper S 170 PS, Vmax 215 km/h, auch als preisgünstiges One-Modell mit 90 PS (2189 prod. Einheiten) ; S Cabrio mit LM-Rädern 16" und Bereifung 195/55 R 16; Mini Cabrio ab Ende 2004 auch mit CVT-Automatik-Getriebe; [*4] Cooper mit John Cooper Works Tuning-Kit: 126 PS, 204 km/h, Preis 2003 19.052 Euro; Cooper S Cup-/Challenge-Version mit LM-Rädern 7x17", Reifen 205/620 R 17, 1050 kg

MODELL	Verkaufsbezeichnung	Austin Seven + Mini Minor	Mini Cooper	Mini Cooper S	1275 GT
	Jahrgang (als Beispiel)	1959	1961	1963	1971
MOTOR	Bauart	Reihen-Vierzylinder, flüssigkeitsgekühlt, Grauguß, Druckumlaufschmierung			
	Hubraum cm³	848	997	1071	1275
	Bohrung x Hub mm	62,9 x 68,3	62,4 x 81,3	70,6 x 68,3	70,6 x 81,3
	Leistung PS/kW/min^{-1}	37/27/5500	55/40,5/6000	70/51,5/6000	53/40/5250
	max. Drehmoment Nm/min^{-1}	61/2900	73/3600	85/4500	95/3500
	Verdichtungsverhältnis	8,3 : 1	9,0 : 1	9,0 : 1	8,8 : 1
	Ventilsteuerung/Ventile pro Zyl.	eine untenliegende, kettengetriebene Nockenwelle/ohv/2 Ventile pro Zylinder ----------			
	Vergaser	1 Horizontal SU	2 Horizontal SU	2 Horizontal SU	1 Horizontal SU HS4
	Zündung/Batterie	Kontakte/12V-34Ah	Kontakte/12V-34Ah	Kontakte12V/34-Ah	Kontakte12V/34-Ah
KRAFTÜBERTRAGUNG	Kupplung	hydraulisch betätigte Einscheiben-Trockenkupplung ------------------------------------			
	Getriebe/Schaltung	4-Gang-Mittelschaltung ---			
	Antrieb	Vorderradantrieb mit Halbwellen --			
KAROSSERIE, FAHRWERK	Bauart	selbsttragende Ganzstahl-Karosserie, zwei Türen, Kofferklappe, vier Sitzplätze			
	Vorderradaufhängung	Fahrschemel, Querlenker, Gummifedern, hyraulische Dämpfer			FQ, Hydrolastic
	Hinterradaufhängung	Fahrschemel, Längslenker, Gummifedern, hyraulische Dämpfer			FL, Hydrolastic
	Bremssystem	hydr. Trommelbr.	Scheibenbr. vorn., Trommeln hinten -------------------		
	Lenkung	Zahnstangenlenkung ohne Servo --			
	Räder	Stahl scheiben	Stahlscheiben	Stahlscheiben	Stahlscheiben
	Reifen vorn/hinten	5,20 x 10	5,20 x 10	5,50 x 10 Sp	145 SR 10
MASSE, GEWICHTE, TANK	Länge/Breite/Höhe mm (leer)	3060/1410/1350	3060/1410/1350	3060/1410/1355	3165/1410/1350
	Radstand mm	2032	2032	2032	2036
	Spurweite vorn/hinten mm	1206/1164	1206/1164	1233/1193	1233/1210
	Wendekreis m	9,6	9,6	9,6	9,7
	Leergewicht kg (vollgetankt)	620	645	670	700
	zuläss. Ges.gew./Zulad. kg ca.	930/310	950/305	950/280	1025/325
	Tankinhalt Liter	25	25	25	25
FAHRLEISTUNGEN, VERBRAUCH	Leistungsgewicht DIN kg/kW	23,0	15,9	13,0	13,2
	Literleistung kW/l	31,4	40,7	48,1	31,4
	Beschleunigung 0-100 km/h s	28,0	20,0	15,0	16,0
	Höchstgeschwindigkeit km/h	110	138	148	146
	Verbrauch l/100 km ca.	6,5 Normalbenzin	9,0 Super	11,0 Super	9,5 Super
PREIS	Preis in Deutschland DM	5175	7410	9100	6940

Literatur und Quellen

alpha auto - Grande encyclopédie de l'automobile;
Gerard Bordes (Directeur général); Grange Batelière,
Éditions Atlas, Paris/Éditions Kister, Genève/Éditions
Érasme, Bruxelles-Anvers, 1973-1977
Automobil Revue Katalog 1972; Robert Braunschweig u.a.
(Redaktion); Hallwag AG, Bern 1972
BMW Automobile; Halwart Schrader; Motorbuch Verlag
Stuttgart, 2003
BMW Sportwagen; Valentin Schneider, Hans J. Schneider,
Rainer Simons, Schneider Text Editions Ltd., Dublin 2003
Chronik der Menschheit; Bodo Harenberg (Hrsg.);
Chronik-Verlag, Dortmund 1984
Die Auto-Modelle 1959/60, 1963/64, 1971/72;
Werner Oswald, F. G. Schmieder, u. a.; Vereinigte Motor-
Verlage GmbH, Stuttgart 1959, 1963, 1971
Mini Cooper and S; Jeremy Walton; Osprey Publishing,
London 1989;
Mini - Thirty Years on; Rob Golding; Osprey Publishing,
London 1979;
Rennsportlegende Willi Martini; Wolfgang Thierack;
Schneider Text Editions Ltd., Gormanstown/IRL 2003

Pressematerial der BMW Group, vor allem Sparte Mini
Pressematerial Rover Deutschland GmbH
Zeitschrift Auto Bild, Hamburg
Zeitschrift automobil TESTS, Schwabach
Zeitschrift auto, motor und sport, Stuttgart

Legende technische Daten S. 126 und 127:
k.A. = keine Angaben verfügbar
Bremsen: ib = innenbelüftet
Räder: LM = Leichtmetall
FQ = Fahrschemel, Querlenker
FL = Fahrschemel, Längslenker

Langer Radstand und kurze Überhänge sind charakteristisch für alle Mini-Modelle. Die Graphik zeigt das Mini Cooper Cabrio, wie es im Juli 2004 auf den Markt kam.

Produktionszahlen im Überblick

Classic Mini 26. August 1959 bis 04. Oktober 2000;
aktuelle Mini-Modelle ab Serienstart (s. techn. Daten)
bis 31. Juli 2004

	weltweit	Deutschland
Classic-Mini alle Modelle	5.387.862	k.A.
Mini One	94.311	25.908
Mini One automatic	13.391	ob. enthalten
Mini One D	23.031	3.723
Mini Cooper	179.665	33.302
Mini Cooper automatic	65.275	ob. enthalten
Mini Cooper S	103.021	11.313
Mini One Cabrio	2.189	546
Mini Cooper Cabrio	4.441	1.592
Mini Cooper S Cabrio	960	155

Bandablauf 1. New Mini	26. 04. 2001
Bandablauf 100.000ster New Mini	04. 06. 2002
Bandablauf 200.000ster New Mini	01. 12. 2002
Bandablauf 500.000ster New Mini	25. 08. 2004

Mit dem Cooper S Cabrio hat die BMW Group im
August 2004 dem Gesamtkunstwerk Mini die
Krone aufgesetzt. Mit 24.000 Euro ist das Auto
gewiß nicht billig. Doch der minimale
Wertverlust entschädigt für den hohen Preis.